U0093687

Train Bleu

全世界都來排隊的鄉下麵包店

作者——成瀨正

CONTENTS —— 目錄

前言——7

第一章　磨練技術

每日工作就是從最想做出的「理想麵包」倒推回來——11

簡單的工作——沒有這種事——15

最重要的是「仔細觀察」——20

不讓惰性發作的每日例行公事——23

Train Bleu 麵包閃耀光芒的原因——26

第二章　提升自我

誰會想要當麵包師傅呀！——31
持續學劍道的收穫——35
觀察再觀察——我的修業時代——39
自己的修業計畫自己訂立——43
認定「就是他！」的時候要追著不放——47

第三章　生活在高山

製作深受故鄉人喜愛的麵包——53
讓鄉下居民也能嚐到真正美味的麵包——57
還沒有店面，就已經有老顧客了——61
開幕日的第一位客人——64
絕對不要自我感覺良好——67

第四章　向員工學習

錄取條件——人品重於技術——73
支持員工獨立創業——77
拋棄「我來教你」這個念頭——82
感謝員工讓我「心境變遷」——85
千鈞一髮之際急速成長的高學歷員工——91
搭配「聆聽」的指導方式——96
謝謝你們的努力——99

第五章　承受逆境

父親的驟逝與沉重的債務——105
坎坷的麵包工廠重建之路——110

從客人的責備中學習——114
照顧母親十三年——118
把目標訂高一點，勇往直前！——122

第六章　邁向巔峰

在法國考察時找回初衷——127
用新鮮水果創造麵包的季節感——130
預賽——從業界底層發起的挑戰——136
激戰——經驗拯救了危機——140
以年少時光的記憶所創作的「蜂巢」——145
以督導身分率領代表團——149

第七章　寄託未來

想和員工一起走下去——155
說出「要做麵包」的兒子——159
想要傳達「理所當然」的重要性——163
向下一代傳遞「領受生命」的食育觀念——165
今後也會一直在高山烤麵包——168

結語——172
TRAIN BLEU SHOP DATA——174
從Train Bleu獨立的員工 SHOP DATA——175

前言

位於大雪紛飛的岐阜縣飛驒地方、四面環山的高山市。

這裡是一個大自然景觀與江戶時代街道並存的觀光地，從名古屋出發約2個半小時，距離東京約四個小時半的車程，而與市中心有段距離的地方，佇立了一家名為「Train Bleu」的麵包店。

Train Bleu這個店名，在法文中意指藍色列車「Blue Train」。

「藍色列車」在日本曾經是徹夜載著許多人朝目的地奔馳的寢台列車，無奈隨著時代變遷而消聲匿跡。之所以取這個名字，是希望自己能夠「朝著製作麵包這個目標不斷向前邁進」。

一九八九年（平成元年），二十九歲的我決定「要在地方上開一家光彩奪目的麵包店」，並且把這個希望放在心上，開始營業。

二〇〇五年，我在麵包大會中最具權威性的世界盃麵包大賽「Coupe du Monde de la Boulangerie」中打入前三名，之後又上了NHK《專業高手（プロフェッショナル　仕事の流儀）》這個節目。如此因緣際會，讓這家麵包店今日的客源得以來自日本各地。我們一天大約要烤兩千個麵包，遇到「黃金週」或者是「盂蘭盆會」時就要烤將近三千個，而且種類超過一百種，像是基本的棍子麵包（法國麵包）、可頌，或者是加了水果的維也納麵包（丹麥麵包）。

但是，在步入軌道之前，卻有好幾座高山與峽谷需要翻越。有時還會因為不安與壓力而連日徹夜難眠。不，就連現在也是處於爬坡爬到喘吁吁的途中，距離安穩還有好長一段距離。回顧周遭一切，我其實認識了不少人，而且身旁還有不少與Train Bleu關係密切的員工。

這本書並不是談論經營的指南書。儘管如此，我還是希望我這個每天烤麵包烤了二十八個年頭的麵包師傅能夠將這一路走來的歷程傳遞出去，讓手上拿著這本書的讀者找到面對工作的方法，甚至是「做某件事的靈感」。

第一章

磨練技術

“磨練五感
看穿所需”

每日工作就是從最想做出的「理想麵包」倒推回來

我是麵包師傅，雖然每天都要和員工做出好幾千個麵包，可惜卻從未做出自己心目中「想要完成的那種麵包」。當然，以商品來講，做出的麵包是及格的，但是**「距離心目中的『理想麵包』卻總是差那麼一步」**。這個想法，日日盤旋在我心頭。

原因在於麵包是「有生命」的，出爐的完成品會深受酵母菌產生的發酵與熟成程度影響。就算使用同一種品牌的麵粉，品質卻會因為季節波動而出現差異，更何況還有材料本身的異同、氣溫及濕度等氣象條件……。不管是昨天、今天還是明天，製作麵包的步驟明明一樣，但是做出的麵包味道就是會不同，所以我每天在做麵包的時候，都要一邊設想好幾種要素組合之後可能產生的結果。

然而，就算左思右想，追根究柢，人類還是無法操縱自然，所以製作麵包的時候，一定會留下人類智慧無法觸及的部分。有一種就算改進了「還差那麼一步的部分」，隔天依然會出現新的課題，永無止盡的遺憾。這也正是製作麵包的醍醐味。

首先，來談談製作麵包的流程。一開始，將水倒入材料中揉和，發酵（醒麵）之後，分切成塊，揉成圓形再醒麵一次。接著，塑整形狀，進行最後一次發酵（醒麵）之後，即可進爐烘烤。

大家有沒有發現：製作麵包的過程，其實就是揉和與醒麵這兩個步驟不斷交錯進行。不醒麵只揉和的話，麵糰是不會順利膨脹的。這些步驟正是製作「有生命」的麵包時不可或缺的過程。酵母菌吃了糖之後會產生碳酸氣與酒精，這就是製作麵包時影響最大的「發酵」。而身為麵包師傅的我們，會根據麵糰的膨脹方式與香氣來確認發酵狀況。

酵素分解澱粉，製作甘味成分的過程稱為「熟成」。此時澱粉會被分解成糖，蛋白質則是變成胺基酸。不過熟成在進行的時候，並不像「發酵」那樣，一看就知道已經進行到什麼樣的地步。

因此，麵包師傅會把雙手的感覺與麵糰的味道當做發酵與熟成的判斷基準，

Train Bleu 的麵包

進而調整時間、溫度與揉麵方式以製作麵糰。與其說是親手製作麵包，正確來講，應該是一邊觀察麵糰的狀況，一邊協助其成長。想要藉助酵母的力量做出可口的麵包，關鍵在於抓住進行至下一個步驟的時間點。麵包師傅必須聚精會神，察覺麵糰的變化，盡量一邊與麵糰對話，一邊掌控狀況。

必須先說明的是，在製作的過程當中，想要隨心所欲操控麵包是一件不可能的事，就算急著「趕在上午九點半左右出爐」，事實往往無法稱心如意。

若要比喻，做麵包就像是在「養孩子」，必須細心呵護，寸步不離地在旁看守，幾乎是「在意到視線根本就不能離開」、「不能放著不管」的地步。其實我自己對麵包的了解並不是非常透徹，所以才會想要「繼續觀察下去」。這種情況就和父母在孩子身上投注的愛是一樣的，對於麵包，我也投注了不少情感。而無法掌控這一點，這兩者也相當類似。

我的心裡頭非常清楚知道自己想要做出什麼樣的理想麵包，所以才會以此為目標，每日反覆推算與摸索，進而思考出製作步驟，最後堆疊出最恰當的製作方式，慢慢做出心目中的理想麵包。

簡單的工作——沒有這種事

Train Bleu的工作大致可以分為下列幾項。

①入料（混合、揉和材料）
②製作形狀（塑型）
③烘烤（烘焙）
④販賣

在我身邊學習的員工必須經歷這些工作，大致都熟悉之後，才能夠成為獨當一面的麵包師傅，快的話，也要花上五、六年。每日天還沒亮就起床，身心火力全開，全速運轉，努力工作，學習技術。到獨當一面為止，這是一條漫長坎坷的路。

雖然日本人一律稱為「麵包」，不過歐美人口中的「麵包」作法卻非常簡單，只用麵粉、麵包酵母、鹽以及水；而在麵糰裡添加鹽以外的副材料混合製成的，則是稱為「維也納甜麵包（Viennoiserie）」（也就是日本人所說的「點心麵包」）。

Train Bleu的麵包現在約有一百種，每一種使用的麵粉比例都不一樣。有時還會改變麵包的大小、推出新產品，材料的組合搭配可說是無窮無盡。

揉和麵糰的力道、時間、發酵與熟成的時間雖然只是一個大概，不過這些都可以憑麵包師傅的經驗微幅調整。儘管學習「入料」、「塑型」、「烘焙」這些製作麵包的步驟需要一段時間，但是相關的經驗與知識會不斷累積，技術也會不停磨練。如此一來，就能夠準確地做出自己想做的，甚至是味道符合目標的麵包。

Train Bleu沒有專門打收銀機的店員，都是由製造麵包的員工包裝之後，再將商品遞給客人。身穿白衣的麵包師傅幫客人結帳，不僅可以立刻回答與麵包有關的各種問題，聆聽各方意見，員工也可以切身感受到客人的反應，這樣就可以經常「留意客人的反應來做麵包」。所以說，製作麵包兼作收銀員，便成了將客人與商品串在一起的重要角色。

同樣地，客人在與身為麵包師傅的員工談話時也會感覺非常有趣。因為員工遇到「這裡頭包了什麼？」「要怎樣才會好吃？」這些問題時，都能夠以實際製作者的身分回答。

我也曾經站在店裡接待。有些客人看到我身上那張「麵包主廚」的名牌時，會非常高興地對我打招呼，而我也會主動向客人問好。時至今日，接待客人依舊是我非常注重的一段時間。

我們店雖然會教導員工一些接待客人的基本法則，但是並沒有手冊，因為我希望大家把「遇到好久不見的親人或朋友時，會想要為他們做什麼？」這個問題放在心裡，自己思考答案，並用自己的方式與客人交談。每當腦海裡想起那個重要的人，就會不時地留意並思考「這樣做他會不會開心呢？下次試看看吧！」因此，我希望每一位員工都能夠秉持這樣的心態，好好接待客人。

發現客人露出不滿或滿足的表情時，立刻處理回應；不小心讓客人久等，就趕緊道歉。這些舉動的關鍵，在於能不能自然而然地立即應對。工作的時候學習推敲對方心裡在想什麼，其實也是一種學習如何機靈應對才能夠解決問題的機會。

對於將來打算在故鄉開店的員工而言，這是一個得來不易的學習機會。店裡的員工總有一天會和我一樣成為店長，所以我會希望他們在修業的這段期間，能夠學會看見客人需求的能力。

入料、塑型、烘焙、販賣，每一項工作都非常重要，而且做得越久就越發覺困難，所以我希望大家將目標設得高一點，一輩子鍥而不捨地努力追求。不僅是在Train Bleu的這段時間，更希望他們在獨立創業之後，這些累積的經驗都能夠派上用場。那些乍看之下「好像很輕鬆」的工作，有不少都是要實際做過之後才會發現原來並沒有那麼簡單的。只要能夠掌握每項工作，就會明白「不管是哪一項工作都一樣重要」，並且了解到團隊中的每個人都有其存在的意義。就算不是某項工作的負責人，也能夠看清楚別人工作的模樣。只要理解這個重要性，團隊工作就會越做越順利。

我也常和店裡的員工說「要多看看別人工作的樣子」。因為不管是「看」還是「被看」，都能夠讓專業的行家技術爐火純青，更加精湛。

在廚房的筆者

最重要的是「仔細觀察」

製作麵包的時候不光是要實際動手，仔細「觀察」麵包的狀態與他人的動靜也是一件非常重要的事。所以接下來我要用自己的方式，來說明「仔細觀察」是怎麼一回事。

棍子麵包（法國麵包的一種）用刮鬍刀在表面劃入刀痕，增加表面積的話，這樣麵包會更容易烤熟。這些線條勻稱的刀痕不僅讓麵包看起來十分美麗，同時也是美味可口的條件。

劃入刀痕這個步驟，我有時會讓剛進店裡沒多久的資淺員工來做。失敗的話，商品當然就會報廢。不過這也是我看出新人是否有「觀察力」的機會。從拿刀子的方式、劃的長度、深度與間隔，就可以推斷出他們在觀摩前輩或師傅的一舉一動時，都在看哪個地方。還有一點，就算想要有樣學樣，有時烤出來的麵包反而會變成另外一種模樣。

這時候就要看自己有沒有辦法發現「自己做的麵包是不及格的」；再者是，有沒有辦法發現自己是犯了什麼樣的錯才會導致差異。如果沒有仔細觀察，進而從中得到資訊的話，就無法看見自己所犯的錯誤。

麵包師傅要求的「眼力」，我把它稱為「目付け」（眼睛注視之處）。指的是麵包在製作的各個過程當中，能夠不錯過每一個重要環節（雖然乍看之下會以為差異不大）的能力。

當我投身在劍道的時候，學會了在與對方對峙的情況之下，不要老是盯著某一特定部位看，而是要宛如眺望遠山般觀察對方整體的模樣，只要對方稍有動靜或徵兆，通通看得一清二楚，而且還能夠看穿對方心裡在想什麼。在劍道中被稱為是「遠山の目付け」（遠山之目付）。

既然製作麵包是一項團隊作業，那麼就要有眼力觀察環境氣氛、整個製作流程，以及後方或旁人的舉動，這樣就能夠看出共事者的情況，像是「現在前輩好像忙不過來」、「他好像要我幫他拿那個」。另一方面，細節如何，也要好好了解。所以說，一個新人必須懂得察言觀色，培養出好眼力，能仔細觀察師傅與前輩雙手的動作，以及要如何正確使用工具才行。

只要好好「觀察」，手腳就會變得越來越俐落順暢，這樣在團隊的人際關係也會變得越協調圓滿，讓 Train Bleu 所有的工作都能夠順利進行。這就是影響麵包完成品最重要的因素。

不光是眼睛，聆聽聲音的耳朵、嗅聞味道的鼻子、味覺、觸覺……。不琢磨鍛鍊整個五感的話，就無法充分了解現在我們究竟需要什麼。

在我們的日常生活當中，想要讓五感隨時發揮功能，就必須要具備一顆旺盛的「好奇心」。也就是要抱著興趣，仔細觀察。「這是什麼?」「為什麼會這樣?」即使是同樣一個風景，欣賞著高山這個地方的秋天「楓葉真美」時，不如再多跨出一步看看，山腳下的原野到山頂正展演出色彩亮麗的漸層，此時你會發現每一棵樹渲染的顏色都不同。這份令人驚艷的心情，正能慢慢鍛鍊出五感。所以我才會說：「日常生活中的各種體驗與能力，在製作麵包時應該都可以派上用場。」

不讓惰性發作的每日例行公事

現在我都是早上六點起床，八點上班，看著店裡的員工輪流午休完之後，再一直工作到傍晚。我會比員工早下班，就寢時間差不多是晚上十點到十一點之間。不過那些員工起床的時間卻比我還要早，因為麵包的發酵與熟成這兩個過程是一個非常細膩的步驟，只要條件稍微有點不同，就會出現變化，所以中間一定會出現一段「必須盯著麵糰看的時間」。所以他們長時間以來，都是中途穿插休息時間，一直盯著麵包看。

確認氣溫與濕度，並且配合這兩個條件所推算的時間與力道來揉捏麵糰、發酵及烘焙。雖然有時會根據氣候與材料的性質稍微調整，不過做的事情幾乎每天都一樣。

身為一個麵包師傅，當然希望自己的技術能夠熟練到不需多加思索就可以動手做麵包，但是這些例行工作倘若只是漫不經心地不斷重複的話，恐怕會淪為惰性，進而陷入缺乏改進與不再進步的危機之中。

像是滿足於「步驟相同、一絲不差的製作方式」，或者是一直以為「應該要做出一模一樣的麵包」，如此過於自信也是會出錯的。講求基本功時，雖然要求「用步驟相同、一絲不差的製作方式麵包」，但是「用相同步驟來製作就不會有問題」這種自信，卻是派不上用場的，而這即是製作麵包的困難之處，同時也是有趣的地方。另外，一旦安於「用相同步驟來製作」的話，恐怕就不會想要再去尋找新的方法了。

任何一項職業，都有可能出現因為惰性而導致的錯誤。有時是過於自負，有時是只要有範本就囫圇吞棗地仿效，不是「作法和去年一樣」，就是「按照前輩所教的，如法炮製」，所以惰性蔓延的組織或團隊，將會陷入「被進步放逐」的危險之中。

不想因為惰性而犯錯，那就要時時保持不安與緊張的情緒。也就是用慣性來消除慣性。當整個人快要被慣性牽著鼻子走時，心裡頭如果會不安或緊張的話，通常就會開始提高警覺。所以就算能夠完美掌握那些例行工作，我還是希望大家能夠戰戰兢兢地問自己「今天應該沒問題吧？」提心吊膽，視線和心思寸步不離，千萬不要失去改進的動力與自我批評的覺察力。

雖然我們每天都在做麵包，但是在出爐之前，往往是擔心得不得了。就算麵包烤好了，一樣不會滿足。

正因為「不自滿」，才能夠找到客人察覺不到的差異。「可以改進的部分到底是哪裡？」如果沒有仔細觀察，就算是麵包師傅，照樣也看不出來的。但是只要我們好好磨練五感，繃緊神經面對麵包的話，是不會有時間感到無聊的。

今日我們常在說不要老是和別人比較、要做自己。但是如果不藉由比較他人與自己，比較昨日與今日的自己，找出缺點的話，我覺得這樣是不會成長的。想要目不轉睛地盯著和生物一樣每天都會變化的麵包，進而培養從中找出差異的能力，那就要**「不時地懷疑」**。

我認為這樣的態度，就是成為技術精湛的「麵包職人」之關鍵！

Train Bleu麵包閃耀光芒的原因

我希望客人在看到Train Bleu的麵包時，會脫口發出「哇！」的讚嘆聲。不過想要達成這個願望，就必須要做出充滿說服力、漂亮可口兼備、燦爛光彩奪目的麵包才行。

在追求美觀的極致過程中，我想說的是——

比如說，在切麵糰的時候，我們都會非常細心，盡量切出大小一樣又漂亮的麵糰。光是這一個步驟，就足以影響麵包出爐的模樣。每一個動作絕對不可以過於草率。像我在做麵包的時候，全身往往會繃緊神經，聽說這時候店裡的員工都不敢出聲跟我說話，就連負責最後完工步驟的員工在擺飾水果的時候，也一樣會屏氣凝神，以免出錯。

我認為**美觀與可口的關係密切**。所以當我在麵包上裝飾配料的時候，通常都會考慮到麵包陳列在架上時的最後模樣，而且還會考慮到擺放的角度，好讓客人在看這些麵包時，能夠欣賞到最美的模樣。

最後，在陳列這些用心做出的麵包時，我都會加入「請大家慢用」的心意。經過這些嚴謹的製程，「可以拍胸脯大聲地推薦給客人」的驕傲感油然而生，而且還能夠確信客人「一定會喜歡」。

此外，即使是客人看不見的地方，細心嚴謹，依舊不變。Train Bleu那些客人看不見的工作現場，都會隨時保持清潔，工具用完之後就會立刻放在固定的地方，整齊排列。

麵包出爐時，Train Bleu的麵包師傅們通常會雙眼發亮地聚集在烤爐前。每當看見這樣的員工，我都會覺得「這些孩子烤出來的麵包怎麼可能會不燦爛呢？」

像棍子麵包這種非常簡單的麵包，味道是不可能單用麵粉與鹽含糊帶過的。所以當我在日本全國各地舉辦講座時，就已經明白麵糰是會隨著當地所使用的「水」而產生變化，這是水的硬度所造成的差異。做麵包就是這麼細膩講究，因為一樣的麵包是沒有辦法再做出第二次的。正因如此，我們才會每天都要察覺那些「細微的差異」，不停改善。

「好有趣喔……可是好難喔！」

「好難喔……可是好有趣喔！」

每一日，每一天，我都會一邊這麼跟店裡的員工說，一邊小心翼翼地做麵包，心裡頭不時地在想「這個部分再加強看看」、「下次就這麼做」。因此，我希望我們店裡的員工也能夠透過學習做麵包這件事，成長蛻變。

第二章

提升自我

“拼命找尋
範本與自己的差異”

誰會想要當麵包師傅呀！

高中畢業以前，我一直待在高山；之後上東京，經歷一段大學生活與修業生涯之後才回鄉。記得回到高山，到自家對面的那家營養午餐麵包工廠參觀的時候，我才深切地感覺到自己已經回來了，而且還要在這裡做麵包。

這家麵包工廠在我三歲以前，本來位在國家指定史跡「高山陣屋」（米其林綠色指南評比為二顆星）的隔壁，而這個地方今日依舊是觀光客絡繹不絕的景點。大正元年，身為創業者的曾祖父，就是在這裡開始經營販賣日本豆沙饅頭等和菓子（日式點心）的店。這在當時應該算是非常罕見。祖父這一代開始製作麵包，到了父親這一代，則開始製作學校營養午餐提供的麵包。若說住在舊高山市（二〇〇五年與鄰近的鎮村合併前的高山市）八十歲以下的每一個人都是吃我們家的麵包長大，我想應該也沒有人會否認吧？

現在回想起來，自己雖然對曾祖父、祖父與父親，以及那些身為麵包師傅的先人滿懷敬意，但是我從小對這份家業並未感到驕傲，甚至排斥繼承家業。因為光是麵包店兒子這件事，就足以讓人對我指指點點。

念小學國中的時候，學校營養午餐的麵包不用說，當然是「成瀨麵包」。每天工廠裡的大叔都會把烤好的麵包送到學校來。而小孩看到之後不是開玩笑，就是覺得好奇新鮮。不僅如此，父母親的職業還是小孩子吵嘴的禍源。我曾經被人說過「你們家的麵包有夠硬的」、「今天的好難吃喔」，也遇過大家沒有把營養午餐的麵包吃完，有的甚至糟蹋浪費。好幾次我不禁想：「如果我不是麵包店的兒子，說不定就不會遇到這種情況了」。就是因為這樣，我小時候根本就不會想要當麵包師傅。

唸小學的時候就一直被同學嘲笑，到了國中一年級，累積的情緒終於爆發了。我把批評我們家麵包的同學叫出來，狠狠地和他打了一架。不知道為什麼，情緒越來越火，完全失控。這時候我一邊想著「老師會不會制止我」，一邊把手舉起來。聽到騷動之後急忙趕來的老師什麼也不做，就只是站在旁邊看著我們，也不知道他到底明不明白我的心情，因為那個時候大人們對於小孩之間的爭吵並不像現在管得那麼嚴。到現在我還記得非常清楚，那時氣急敗壞的我吼向對方的心情。

我並不想當麵包師傅，但這卻令我覺得自己似乎否定了身為麵包師傅的父親。父親和工廠的人一大早就全身沾滿麵粉在工作，想要多待在父親身旁的我，卻因為一直在工廠裡玩耍而不知被罵了多少次。繼承家業這件事，父親從未直接對我說什麼，但是看著父親工作的這段年少回憶，多少影響了我對將來的決定。

不斷感受到繼承家業這個重責大任是很久之後的事了。大學畢業之後，也是我必須對將來做個選擇的時候。「成瀨麵包（之前的公司名稱是高山製麵包）」在當時已經創業七十年了。規模雖然不大，但是在高山卻能夠一直守住這塊招牌，而且深受常客支持愛戴。

一項事業經營了超過七十年，照理說，是不可能一直好事連連的。就算資金週轉不靈，曾祖父、祖父與父親依舊奮力不懈，把「吃虧就是佔便宜」當成座右銘，鼓勵自己越過難關。成瀨麵包的悠久歷史，再加上對於高山市的人記憶中的那股「習以為常」的麵包風味，一定要由自己繼承下去，否則這一切都會消失殆盡的念頭，隨著年齡增長，日趨強烈。

因此，那個曾經懷抱著「誰會想要當麵包師傅呀」這個念頭的孩子，就這樣踏上了麵包師傅這條路。

持續學劍道的收穫

三歲的時候，我們家從高山市中心搬到市郊，也就是今日店面的所在地。不過現在這個地方反而變成住宅區，不僅進駐了各式各樣的店家，空地也變少了。

坦白說，少年時代的我，根本就是一個靜不下來的孩子，經常四處亂跑，一發現有趣的事，就會像一隻脫韁野馬，飛奔而去。像是下雪的時候把書包當雪橇，坐在書包上，在山路上滑雪玩耍。對了，我還曾經跑去河邊抓溪蟹呢！反正，就是一個精力旺盛的小男孩。

因為有事沒事就四處亂跑，所以我想爸媽應該常常祈求「老天爺，幫個忙，讓他成為一個穩重的孩子吧」。正因如此，他們才會老是要我學一些需要靜下心，乖乖坐下來集中精神的才藝。然而這一切都是枉然，白費心機，因為我只會調皮搗蛋，而且還變本加厲。像是去學書法的時候，我就曾經在老師家的紙拉門上亂畫，不然就是用腳彈風琴，所作所為，只會讓父母失望。

我還學了珠算，不過還是一樣撐不久。反正不管學什麼，到最後都會被老師揮手放逐，「你不用再來了」，所以爸媽對我這個搗蛋鬼應該感到非常頭疼，束手無策才是。

唯有「劍道」，我從小學三年級一直學到六年級。劍道是「始於禮，終於禮」的武術。開頭與結束，都要求嚴格的禮節，但是卻也充滿了活動肢體的充實感。這對於一直靜不下來的我來說，應該是再適合也不過了。

念國中的時候雖然被朋友拉去打排球，但不知道為什麼沒多久就放棄了。之後念國高中的這段期間，也沒有再回去打劍道，就這樣渾渾噩噩地虛度歲月。

沒有考上大學的我，重考了一年。十八歲的時候，心裡頭甚至冒出了危機感，「再這樣下去會成為廢人的」。現在回想起來，這是我第一次考慮到自己人生。「大學這四年如果再不找到一個可以一直持續下去的事情的話，我真的會變成一個一無是處的人……」的念頭，突然浮現在腦海裡。

上了大學之後，我又重拾念小學時曾經熱衷一段時間的劍道。這四年來毫不間斷地專注在這上面。本來抱持著非常樂觀的態度，想說大學參加這樣的社團應該會很輕鬆，不料，事與願違。這是一個標準的體育社團，不管是上下的對應關係或者是練習，各方面都非常嚴格，不僅每天要練習，夏天還要參加集訓。

「適度補充水分」這種常識在運動社團之間是最近才開始流傳開來的。我們那個時代幾乎所有的運動社團都是這樣，也就是不太允許練習時間喝水，只能專注在練習上。就算遇到不合理的情況，也要相信「堅持就是力量」，再三告誡自己絕對不可以放棄劍道。那時候的我，甚至練習到出現血尿。如此全心全意專注在某件事上的經驗，說不定是我這輩子從未有過的事。所以大學畢業的時候，我才會對自己下定決心以及熟悉的事充滿自信，也對畢業之後的人生多少掌握了一些方向。

當了麵包師傅，忙到焦頭爛額的時候，我都會一而再、再而三地告訴自己「這和學劍道的那段時間相比根本就不算什麼，輕鬆多了」。因此，我相信人只要在某段時間不顧一切地追求一件事，對之後的人生一定會有所助益的。

儘管劍道部讓我在體力上留下了不少痛苦回憶，但是在親切的學長姐與同伴的幫助之下，我在四年內考到三段，劍道部的學妹，也就是我的妻子，也同樣考到三段。所以說，我在「劍道」的收穫，以及認識的那些人，都可說是無可替代的珍寶。

觀察再觀察——我的修業時代

日子都被劍道給填滿的大學生活快要接近尾聲時，我開始思考將來的路。大學三年級以前，我原本立志要踏進媒體界，當時只是純粹覺得這份工作「很帥氣」。可是畢業之後，我卻決定要做麵包，因為我不想讓傳承自曾祖父那一代的家業斷送在自己這一代。這樣的念頭，讓我毅然下定決心這麼做。

然而，當時的我並沒有立刻繼承家業，而是決定先到Art Coffee的麵包部門學習一段時間。當時的Art Coffee在東京都內有好幾家分店，所以店裡的麵包都是事先做好配送的。

鮮少有人大學畢業之後才來學做麵包，所以那些前輩的年紀個個都比我小，甚至還感覺到他們一直用「看你有什麼本事」的冷淡眼光在看著我。正因如此，我才會拼命地想要趕快補回因為起步晚而錯過的一切，想要早日超越那些年輕的前輩。就連回家以後，我還利用手巾繼續練習如何把麵包揉捏成形。

在Art Coffee修業的時候，我剛開始是負責開店前的工作，而且沒多久就上手了，因為當時的我急著進入學做麵包這個階段，想要趕快超越年紀比我小的前輩，所以才會如此迫不及待地想要學其他東西。然而，我卻誤以為自己已經學會一項工作了，所以腦子裡只想著要趕快進入下一個階段，不過主管通常是不會允許這種情況發生的。因此，我趁主管不在的時候拜託前輩，讓我幫他做其他部門的事。

大致掌握整個工作流程，大約花了我兩年的時間。與現在不同的是，那時候並不是一個師傅與學徒手把手親自教導的環境。所以其實很難得到前輩「這麼做會更順手」的建議，只能仔細觀察而「盜取技術」。

修業的這段期間，我曾經和麵包主廚面對面，並且負責把紅豆餡包入麵糰裡這個步驟的工作。麵包主廚在包餡料的時候並不趕，但是包的速度就是非常快。為什麼會這樣?我一邊動手以追上進度，一邊用眼角餘光暗中觀察。就算大致看到整個流程，還是不明白。我試著一個動作一個動作地分段比較，發現我們包

Le papier cuisson
Pour Pâtisserie
Boulangerie
financier · genoise · dacquoise · pâte à cigarette

細心排放麵糰

餡的速度竟然一樣，可見我的手腳並不慢。我繼續觀察，和麵包主廚的差異到底是在哪裡？後來，發現差別在於拿取麵糰的動作，還有雙手移動的方式。在進入「包紅豆餡」這個主要階段以前的步驟，麵包主廚的動作非常敏捷迅速，一切毫不多餘。這一點讓我非常意外。一個出色的麵包師傅應有的「俐落動作」，並不侷限在每個人拼死練習的主要動作，而是貫徹在製作麵包的每一個步驟上。

身為麵包師傅最重要的一件事，就是「觀察」，並且不漏看自己必須改善的地方。然而，不管怎麼看就是找不到的話，那就要一個一個去分析，看看示範的人與自己差別在哪裡？忽略的地方沒有差異嗎？就算看到眼睛快要掉出來了，也要找到不同的地方。

我在 Art Coffee 待了三年。在掌握技巧的速度上，我想我應該算快的了。

自己的修業計畫自己訂立

在Art Coffee修業三年之後，我在一般社團法人「日本麵包技術研究所」開辦的課程上了一百天的課，而且還在老字號飯店工作了一年。

將近四年的修業期間，我在這三個傳授技術的地方學習的目的各有不同。因為是三十年前的事，情況與現在截然不同，不過這是我當時從各方面推敲出製作麵包的必要條件之後，自行規劃的學習路程。

①在城市中的麵包店Art Coffee修業，掌握與製作麵包有關的技術與知識。

②有了①的經歷之後，再來學習麵包製法的理論。

③了解老字號飯店的工作方式與飯店製作的麵包。

麵包師傅有時會憑靠感覺來做麵包。例如，在Art Coffee學到做麵包大致技術的我，才深感自己必須要好好掌握製作麵包的理論。這時候我進入的，是日本麵包技術研究所。這個地方是大規模的麵包公司主任級人物前來研修的地方。六十多年的歷史，送出了超過兩萬人的畢業生，而且人才輩出。

之後我才知道，原來父親年輕的時候也曾經在這個研究所中學習。可見日本麵包技術研究所對於麵包師傅來說不僅是修業的其中一環，同時也是應該登門造訪的教育機構。

這裡關於提升技術與確保安全性的課程內容非常充實。像我就在這裡學到了酵母的增減對於麵包完成品的影響，以及專業微生物知識等與麵包製作有關的理論，此外還有安全衛生管理與營養這方面的課程。

課程的內容雖然曾經難到讓我感到痛苦不已，但是這為期一百天的講座結束之後，我反而覺得「上這堂課是對的」。如果我從和一張白紙一樣什麼都不懂的情況之下開始上這個講座，而且一邊看著講義一邊把理論塞進腦子裡的話，我想我應該會左耳進右耳出。但是，正因為我曾經置身在製造現場，所以腦子裡才會出現「為什麼？」這個疑問，而且還可以自己提出：「搞不好是這樣……」之類的假設。

確認「製作麵包算是一項科學行為」，也是一個非常重要的體驗。如果我跳過理論這個部分繼續修業的話，說不定會陷入只有自我風格與經驗主義的情況之中。

就算能力足以獨當一面，但獨立創業之後，實際的技巧與理論還是要繼續學習。實務與理論一來一往的同時，摸索出正確的方法，這才是最理想的狀態。

我在日本麵包技術研究所學到理論之後，接下來敲的是東京都內一家老字號飯店的大門，因為我想在一個具有歷史的職場為我的修業生活劃下句點。不僅如此，我對於飯店這個地方是怎麼製作麵包也非常好奇。

在飯店可以看到這些西點師傅工作的模樣，這對我來說是一種刺激，而且還可以盡情使用高級食材，大大地擴展了與一般大街小巷上的麵包店截然不同的世界。

當時的經驗，至今依舊派得上用場。

這四年的修業，就好像竭盡全力把最短的路線給跑完，一路上不三心二意，專注貫徹「學習技術」這個目標。所以修業時期讓我覺得「他很討厭！」的人一個也沒有。那時候的我，一直盡量不要讓自己的心情隨著喜惡的情緒起舞，這樣才能夠看見討厭的人「身上散發出來的光芒」。

在飯店修業的這段期間，中途曾經換了一位麵包主廚。因為前一位麵包主廚人還不錯，所以我心裡頭對於這位新主廚多少有點排斥，但是想一想，他就是有比別人出色的地方，才會爬到今日這個地位。所以說，只要目標明確，應該就不會去隨便怨恨，或者是嫉妒他人了。

認定「就是他！」的時候要追著不放

在老字號飯店累積了工作經驗，結束東京這趟修業生涯之後，我決定回到高山。不管自己周圍的環境有多陌生，能不能接受完全取決於自己。縱使置身在資訊貧瘠的地方，只要花些苦心，還是能夠多方面挑戰的。

不過深居在鄉下，與人的接觸難免受到限制。所以只要一發現「這個人非常重要！」我就會盡力保持兩個人的緣分，以免失聯。

位在神奈川縣川崎市新百合丘的西點烘焙坊「Lilienberg」的橫溝春雄主廚，就是我心目中的其中一位「重要人物」，而且我們兩個的交情已經長達三十年了。

Lilienberg是一家「隨時提供動人美味的西點烘焙坊」。不受流行風潮影響、用心製作的西式糕點真的會讓人回味無窮。橫溝先生做麵包時完全不靠那些奇特的創意，只專注在材料上，有時甚至不吝惜地用上一顆價位高達好幾千日圓的芒果，只為了充分傳達當季最佳水果那股令人暖心的特有美味。

這家烘焙坊就像童話故事中的小屋子如夢似真地出現在眼前，讓人誤以為身處在森林之中，又好像進入故事中的奇幻空間。更重要的是，如此神奇的空間完全符合Lilienberg在西式糕點上所展現的世界觀，讓人醉心傾迷。橫溝先生沒有開分店，所有心力全都專注在這家店上，因此店內的每個角落都充滿了貼心的服務，就連員工也非常用心地在接待客人。不僅是當地居民，還深受日本全國的喜愛。橫溝先生是一個充滿魅力的人，和他聊天的時候，心情會不自覺地開朗起來。不光是製作糕點，他還樂於享受人生的一切，所以除了技術，一絲不苟的生活方式以及對待員工的樣子，都足以讓我當作範本參考。

起先是因為離妻子娘家近，所以才會來到這家店的。我記得那時候是去幫她買杏桃果醬，萬萬沒想到那股美妙的滋味就在我嚐了一口之後，竟然成了它的俘虜。那罐果醬的滋味十分新鮮馥郁，根本就是將杏桃在大自然恩惠之下成長結果的風味整個填入瓶中。於是我寫了一封信給橫溝先生，請求他讓我採購一批杏桃果醬，擺在店裡賣。

結果，收到了一封口氣委婉的回絕信，「使用高山生產的水果來做果醬的話，應該也可以做出品質出色的成品。」信裡頭還附了一張內容非常詳細的手寫食譜，此時感激不盡的我，只能點頭說好。

在高山開店是怎麼一回事呢？那是一件會讓人另眼相看的事。當時的我認為，讓高山的居民品嚐到使用當地食材製作的商品，而不是把來自各地的美味食品聚集在一處，這才是這家店應有的模樣。

我非常感激橫溝先生當時的回應，所以特地抽空去店裡拜訪的次數也就越來越頻繁了。時至今日，去拜訪他的時候，我的心依舊雀躍不已。只要事先聯絡他「現在可以過去找您嗎？」橫溝先生就會在店裡等我。

我與橫溝先生一直都保持聯繫。Lilienberg夏天通常都會休店一個月，所以這段期間他們店裡的員工若是有人對做麵包有興趣，橫溝先生就會對我說：「這個孩子讓我寄放在Train Bleu一陣子吧！」

不久以前來店裡採訪的電視工作人員問我：「可不可以介紹西點師傅當中你覺得不錯的人呢？」那時候我第一個提到的，就是橫溝先生的名字。我想我和他這三十年的交情，已經培養出堅定不移的信賴關係了。

橫溝先生夫妻倆是我們心目中的賢伉儷。橫溝先生說話時通常會出現一段令人不解的斷層，這時候橫溝太太就會幫忙填補空間，兩人之間的搭配可說是天衣無縫，非常有趣。所以我和太太常說「要是我們也能夠和他們一樣就好了」。

麵包店剛開始營業的那段辛苦時期，橫溝夫妻曾對我們說「只要夫妻倆胼手胝足，持續下去的話，一定會出現提拔你們的人」，這番話真的是拯救了我們那顆快要挫敗的心。到現在，我依舊覺得「這句話一點都沒錯」。

不管是誰，一定會遇到讓你恍然大悟「就是他！」的那個人。但是遇到這種情況時，往往會讓人裹足不前，想說「那麼厲害的人，應該不會理我」，這豈不是很可惜？如果還年輕，那就更要勇往向前衝，若是找到可以成為自己精神糧食的人，一定要牢牢抓住，千萬不可放手。遇到認定他就是「師父」的人時，不需害羞，好好地把心中那份尊敬之意傳遞出來。我相信這麼做，總有一天兩人的心意一定會相通的。

第三章

生活在高山

”

正因為環境嚴苛

才能夠成長

“

製作深受故鄉人喜愛的麵包

高山市在二〇〇五年經過市鎮村合併之後，成為日本全國面積最大的市，而且面積大小幾乎與東京都相同。舊高山市保留了不少古老街道，其他地區更是綠意盎然。冬天深雪覆蓋，客人當然就會減少，因此開店前先鏟雪就成了每日功課。盆地地形的高山市是一個四季變化豐富的地方，雖然冬季寒冷，夏季炎熱，不過春季百花盛開，秋季楓葉豔麗，只要來到這裡，就能夠盡情體會日本風情。不僅如此，最近還有不少外國觀光客到此一遊呢。

「我要在故鄉高山製作十分講究的麵包，我想做出深討故鄉人喜愛的麵包。」

在高山開麵包店的背後，正是充滿了如此強烈的意念。其實，高山這個地方並不是一個「適合製作麵包的土地」，而且環境糟到根本就不應該做，因為想要在這個寒暑溫差劇烈的環境之下做麵包，必須要時時留意並且保持一個讓酵母容易活絡的溫度。用來攪和麵粉的水就算清晨倒入熱水調好溫度，到了中午就會熱到要改用冰水。所以負責揉和麵糰的麵包師傅一天要測量氣溫與水溫好幾次。而其他工作人員打開窗戶之後，還要考量到過了多少時間氣溫就會降到幾度，也就是說，在製作麵包的時候，對於溫度變化無時無刻都要戰戰兢兢。

仔細想想，如此嚴苛的風土，也算是一個適合培養麵包師傅的環境。只要在這裡修業，日後不管到哪裡，在製作麵包麵糰時遇到最重要的溫度管理這一關就不會有所疏漏。**對於正在修業的人來說，身處在一個充滿負面變因的地方努力學習是一種試煉。**而試煉，是境界最高的訓練機會，所以千萬不要把逆境當作壞事，因為這是一個打穩根基的大好機會。

過去飛驒高山是江戶幕府將軍的直轄領地。幕末日本全國共有六十幾處郡代與代官所，不過今日依舊保留當時建築物的地方僅剩此處。曾為幕府行政機關的陣屋不僅可以欣賞到昔日風貌，正面還有葵類植物圖案的家徽。正因如此，此處才會成為高山的觀光景點。

江戶幕府在一八六八（慶應四）年以前一共派遣了二十五任代官與郡代駐守

飛驒這片地。為此，人們要求這片土地提供「最上等的東西」，不管是食物還是工藝品，均以最高標準來判定。這就是此處的特色。再加上四周環山，這片土地還展現出封閉保守的特質。正因為人與物都無法輕易進出，才會造就當地居民注重傳統，自成一格的獨特發展。

隨著時代變遷，對外往來日趨頻繁，高山已不再是過去那塊「封閉的土地」了，但是「曾為天子領地」的自豪感依舊存在。曾經作為將軍家進貢品的傳統工藝今日依舊代代相傳，而且每件工藝品均散發出「用心做才行」的氣魄。因此，我發現高山這個地方頑固的工匠其實不少。

在這片生產稻米與酒的土地上，稻米文化也是根深蒂固。而那股香甜無比的稻穀味，透過麵包，我想也能夠細細咀嚼吟味。

不管面對的是嚴峻的冷暖溫差，還是對「吃」格外講究的客人，Train Bleu的目標，就是要做出就算每天出現在餐桌上也不會吃膩的麵包。我們做的，是迎合高山風土民情的麵包。

高山的老街（照片來源：高山市）

讓鄉下居民也能嚐到真正美味的麵包

在東京結束修業，回到高山是在二十六歲的時候。當時的我就想過「地方上的居民才應該要嚐一嚐麵包真正的味道」。

當時上東京一趟所花費的時間不僅比今日久，手機與網路也不普及，所以在這兩個地方所得到的資訊量差距根本就無法相提並論，年輕一輩的麵包師傅沒有機會切磋琢磨，更別提隨時相互討論了。

正因如此，我才會拜託交情好的朋友讓我上東京找他們，或者是參加講習。年輕時的我，有時甚至把每日的業務擱在一旁，以參加講習會為優先。停止營業的這段期間固然有損失，但是得到的東西卻勝過這一切。

關於資訊接收量的差距，客人這方面應該也是一樣。當時就是因為資訊不足，很多人以為「去大都會才能夠找到堆積如山的可口麵包」。相反地，對於鄉下地方則是毫無根據認為「在鄉下要吃到標榜口味道地的麵包根本就是天方夜譚」。

我在回高山的那一年就成立了「Train Bleu」這家公司。雖然當時麵包店那棟藍色三角屋頂的建築物還沒有蓋好，也沒有實體店面，但我照樣可以帶著自己烤的麵包到處賣給附近的飯店與餐廳。製作營養午餐麵包的「成瀨麵包」已經有父親在經營了，為了有所區別，我想要開一家屬於自己的店，當然最首要的，就是要先確認大家對我做的麵包能夠接受到什麼程度。

試行之下，沒想到反應不佳。當時只有今日依舊有往來的牛排館「飛驒廚房（キッチン飛驒）」買我們的麵包，其他店一律拒絕。那個時候高山的餐廳全都以口感柔軟的小圓麵包為主流，並沒有配合菜色挑選麵包的概念。而我提案的棍子麵包就是因為口感「太硬」才會被踢開的。其實只要簽約，我們就可以針對餐廳菜色提議適合的麵包，結果我就這樣懷抱著悔恨的心，四處跑業務。更令人感到無奈的是，客戶的簽約數遲遲無法提升。

乘鞍岳與高山市街（照片來源：高山市）

有人說：「那麼貴的麵包，誰買的起呀？」「這亂來嘛？」那時候提出「在鄉下販賣真正的麵包」這個價值觀，根本就是一個荒謬絕倫、高不可及的門檻。

但是，那時候如果只想著要提升眼前的營業額，把方向轉移到「便宜、重量不重質」的話，這家麵包店恐怕就不會出現今日這個模樣了。做出自己打從心裡覺得好吃，同時也想讓客人細細品嚐的麵包，好讓客人認識到這個嶄新的美味，這才是「Train Bleu唯一一條生存之道。

深信自己的初衷並沒有錯的我，決定下一步要孤注一擲。

還沒有店面，就已經有老顧客了

回到高山，一直到一九八九年Train Bleu開幕為止，這三年成了我非常寶貴的準備期間。除了麵包師傅本身的工作，我的腦子裡經常在想「現在應該要做什麼」，更何況我還要籌措資金開店。為此，除了走遍各家餐飲店，我開始針對一般家庭推行宅配麵包這項業務。這麼做，是為了讓大家認識Train Bleu的麵包，因為「地方上只要有喜歡Train Bleu的麵包迷，開店的時候大家應該就會來店面買麵包」，這是一項將眼光放在三年後開店的投資。

正當大型麵包製造商打著「連麵包邊也柔軟無比」的宣傳，販賣長銷商品時，我也順勢嚴格挑選材料，做出口感新穎、蓬鬆柔軟的土司麵包，並且將其取名為「pain au beurre」，beurre在法語中意指奶油。

為了讓大家知道這款麵包，我把宣傳單夾入報紙的廣告單中。為了避免營造出廉價的感覺，還特地以黑色為基調，設計出豐厚的感覺。宣傳單的背面是一份問卷調查，填好之後摺起來會變成信封，這樣就可以直接投入信箱了。針對「每週吃幾次麵包？」這個問題，沒想到回答「超過三次」的家庭竟然高達五百件，遠遠超過我料想的數字。

每週至少吃三次麵包的人，基本上應該都很喜歡吃麵包，而且一定會愛上Train Bleu的麵包，所以我索性送那些回答「超過三次」的家庭每戶一袋麵包。結果就這樣拿下了訂購的契約。

或許大家會對我免費送麵包這件事感到驚訝，但是請別人試吃是一件非常重要的事。「那個時候的五百件問卷」當中，有人到今日依舊是我們的客人，而且人數多的時候，甚至會到一千兩百件，所以那時候我還特地聘人送麵包。

想要商品賣得好，最首要的，就是要「做出好東西」，這樣推薦的時候會更有自信。就算價位有點高，卻不會變成缺點。而下一步最優先的，並不是向不特定的多數人宣傳，而是從中挑選確定對這項商品有興趣的人，畢竟要讓「三餐沒有米飯不行」的人買麵包來吃幾乎是一件不可能的事。

鎖定目標，將宣傳重點放在主要消費者身上，讓他們體認到這項商品是「充滿價值之物」。所以對我來說，把麵包送給覺得「太高興了，竟然可以吃到Train

Bleu的麵包」的人是一件讓人感到無比喜悅的事。

就這樣，我順利地營造出一個「店還沒有開，就已經有老顧客」的情況，距離開店這一天，已經可以開始倒數計時了。儘管對於開店這件事感到興奮不已，但還是不能因為自己年輕就奮力挑戰、無所畏懼地向前衝。為了確實達到效果，能在事前做好準備的事，我都按部就班，一一進行。

為了不讓人家說「這個人只不過是借了父親做生意的地方，稍微搞出新玩意兒」，即便是在父親經營的工廠裡借用烤爐來烤麵包，我還是付了一筆加工費給「成瀨麵包」。雖然還沒有店面，但我可是有責任感，而且相當自豪地在工作呢。

開幕日的第一位客人

宅配麵包迴響出奇地大，這也讓Train Bleu的麵包開始慢慢穩定下來。而真切感受到這一點的，是在一九八九年九月十五日，也就是正式開幕的這一天。

我永遠也忘不了那一天店門口，排了一條好長好長的隊伍，我想應該有一百公尺長吧。現在回想起來，利用預告開幕的宣傳單來「提升Train Bleu的知名度」這個方法應該發揮了不少效果。

第一個踏進門的客人是什麼樣的人呢？我一邊按奈住急躁的心，一邊戰戰兢兢地打開門。沒想到出現在眼前的，竟然是意料之外的客人——三位約小學三、四年級的小女生。那一天放假，學校不用上課，可能是住在附近的小孩子約好要去新開的麵包店看看，所以才會手牽手在這裡等開幕。一想到「值得紀念的第一位客人是小朋友！」心窩不禁暖了起來。

「這個孩子長大的時候Train Bleu還在嗎?不行,我一定要讓這間店撐到那時候!」

我一邊看著客人接二連三踏進店裡,一邊想著這件事。小女孩、排隊的隊伍、店裡的氣氛……開幕當天的光景歷歷在目。後來我發現,正因為第一個客人是小女孩,所以「麵包店一定要繼續下去」的信念也就跟著日益強烈。

開幕的同時,人潮雖然把店裡擠得水洩不通,但我並沒有因為「第一天就有這麼多客人來買,這實在是太棒了!」而沾沾自喜,反而覺得壓力更大。因為「我絕對不能背叛開幕當天特地跑來買麵包的這些客人!」

開門營業不過一個半小時的時間,店裡的商品就已經被搶購一空,不得已只好暫時拉下鐵門。在等了三個小時,麵包再次出爐之後,才又繼續開門營業,就這樣整整熬了三天的夜,到最後終於撐不住,第四天只好暫停營業。

現在店裡的員工還記得開幕那天情況的,就只有我和妻子。不過當時的心境與不背叛客人的心情,我依舊會如實地告訴每一位員工。

開幕當天推開店門的那一刻（當時29歲）

絕對不要自我感覺良好

不過真正辛苦的，是開幕忙碌三天後穩定下來的日子。第四天休息一天，隔天開門的時候，沒想到客人竟整個變少了。原本忙到暈頭轉向的我們，頓時陷入賣不完的局面，就在相同情況持續一段時間之後，不安的情緒開始湧上心頭。「到底是哪裡出了差錯？」望著店內空無一人的我們，對此苦惱不已。妻子打不了收銀機，只好掃掃地、擦擦玻璃、在馬路上灑灑水。

賣不完的麵包除了送給鄰居，或自己留下來吃，別無他法。有時剩下的商品甚至多到「明天不烤麵包也可以開店」。其實就算麵包放到隔天並不損其美味，但是口感與風味還是以當天出爐的麵包略勝一籌，這是可想而知的事。「想要讓人嚐嚐現烤的可口麵包」這個強烈的念頭，讓我無法把前一天烤好賣剩的麵包擺在店裡，只好含淚將那些拼命做的麵包全部丟掉。

那段日子雖苦，但我仍舊保持樂觀的態度，並且對「持續是有意義的」、「只要堅持下去，住在高山的人一定會明白的」這樣的信念深信不疑，同時還再三告訴自己一定要堅持下去，對品質絕對不可以妥協，要全心全意烤出可口美味的麵包。

「Train Bleu如果開在東京的話，會怎麼樣呢？」這種事我一次也沒想過。心裡頭不是想著「要怎麼做才能夠讓客人變多？」就是抱持著「如果開在東京，店家輪替的速度那麼快，說不定沒多久就會倒閉的」的否定念頭。不過，當時我的心裡頭一直覺得「高山這個地方才正是需要一家讓人念念不忘的可口麵包店」。當然，冀望有一天大家都能夠瞭解這一點的那份心意也就越來越強烈。

過了一段時間，來客人數開始攀升。自己想要做的那些簡單又不容易吃膩的麵包，以及使用當季水果做成的維也納甜麵包不僅漸漸受到好評，就連利用宅配的老顧客與到店購買麵包的客人也越來越多了。

當時，東京有的麵包店會提供棍子麵包，不過高山其他麵包店卻只能買到口感較軟的麵包以及傳統的甜麵包，所以擺在Train Bleu店面的棍子麵包與可頌麵包根本就不是大家熟悉的種類。但是我相信只要繼續做下去，「總有一天大家一定會愛上它的」。結果不出我所料，理解的人變多了。

現在Train Bleu有不少客人來自岐阜縣以外的地區。每逢週末，店門還沒打開，就已經有人在排隊了，而且人數甚至多到要發放號碼牌。聽說高山每年的觀光人數約有四百萬人次，如果從中算出從外縣市來Train Bleu買麵包的客人的話，差不多約八萬人。這個數字雖然只佔全體的百分之二，卻足以讓人感激萬分。

同時，我也不斷地告訴自己「就算看見有人在排隊，也不可以驕傲自大」。客人在店裡的時候盡量多提供一點麵包，讓客人慢慢挑選，這是最理想的狀態。但若是為了增加每日的銷售量而端出令客人失望的商品時，反而會被扣分，這樣會讓我對特地跑這麼遠來購買「Train Bleu的麵包」的那些客人感到過意不去，所以我絕對不會為了追求數量而被工作趕著跑，更不會讓客人因為品質「有一點點」下滑而失望的情況出現。

我們不是因為「有人排隊所以才會這麼好吃」的店。今天的麵包真的好吃嗎？有沒有進步一點了呢？我想今後我會更加謙虛謹慎，不斷地問自己這個問題的。

Train Bleu的店面外觀

第四章

向員工學習

”不要尋求外在因素
要改變自己“

錄取條件——人品重於技術

我們店裡的員工是直接跟著麵包主廚學習的，而且每天都要「仔細觀察」，藉以磨練自己的技術。因為這輩子是要靠這項技術來吃飯的，所以麵包主廚與員工之間，應該是屬於不可以鬆懈放任的關係。

許多孩子從各地方跑來我們這裡，說是「想要在Train Bleu工作」。不僅如此，最近還有不少人是從電視和網路得知Train Bleu，所以才立志要到我們麵包店來學做麵包，而且有的甚至遠從首都圈呢。

其實我非常佩服那些想「在Train Bleu好好努力！」的年輕孩子，他們真的很有勇氣。只不過這些孩子為何要遠離都會，把我們這家遙遠的麵包店，當作只有「嚴格」二字可以形容的麵包師傅修業之地呢？我相信，他們應該是為了「斬斷退路」。也就是在修業的這段期間遠離朋友與家人，好讓自己在高山這個遙遠的地方能夠專心致力在做麵包這件事上。在店裡服務的員工雖然簡單地告訴大家「進這家店已經七年了」，但是這段過程其實並不簡單。

我們店裡有在其他麵包店累積一些修業經驗的孩子，也有從麵包專業學校畢業的孩子。也就是說，在進我們店的時候，大家的技術程度參差不齊，唯一的共同點，就是「把這裡當做最後的修業之地」。不管是曾經在好幾家麵包店工作的人，還是第一次就在Train Bleu工作的人，在走出這裡的時候，大家都會決定開一家屬於自己的店。

不管是哪一家店，都有自己獨特的方式。Train Bleu通常也是以此為目標，並且向員工說明「想要掌握製作麵包的技術，最起碼要花個五、六年的時間才行」。有的孩子修業到一半就因為撐不下去而離去，但是我想其中很多人應該都是自己當了經營者之後，才會明白當初修業時那些令人無法理解的事。有的孩子甚至會告訴我「終於明白當初您這麼做的用意了」。

即使是跟白紙一樣什麼都不懂的人，如果抱持著「想要一起試試看」的心態，我還是會讓他進我們店的。這時候我重視的並不是技術的高低，而是人品。製作麵包是一項團體工作。說得極端一點，就算成員裡頭混雜著等同於門外漢的人，只要那個人能夠好好地與周圍的人溝通，整個團隊還是可以運轉的。相反地，即使聚集了技術程度高超的人，但是無法與人溝通的話，整個團隊還是無法發揮功能。

溝通，是要看著對方，並且察覺自己現在想要傳達的事情「對方有沒有好好捕捉到內容」。也就是說，並不是自己想說的話說完就好，而是要考量到對方有沒有聽進去。想要讓對方聽進去，除了傳達的內容，傳遞的「時間點」以及「傳達方式」都不可以忽略。我所要求的，就是能夠費盡心思在這上面的人。「因為不善於和別人往來，所以只做好自己分內的事」的人，想要在製作麵包這個團隊工作中存活下去的話，恐怕會吃盡苦頭。其實只要對人有興趣，並且懷抱著一顆善解人意的心，就能夠自然而然地觀察周遭的人。是否樂於為人做事？與他人接觸時能否保持著一顆體貼的心？這些都是我所尋找的員工，所應該具備的基本條件。

「我們店裡的每位員工都是意志堅定，想要朝製作麵包這條路邁進，所以才會到高山這個地方來的。Train Bleu是由客人所培育的，所以不管是對麵包，還是對其他地方有意見，大家都不需吝惜，儘管和我們的員工交流」。

我在麵包店的官網上寫下了這樣的要求，因為我認為員工就是要透過與人溝通才能夠一直磨練下去。這是最理想的境界。

支持員工獨立創業

除非是以團隊的形式一起工作，否則我罵員工絕對不會手下留情，而且比家長還要嚴格。有時甚至只要一判斷「在我們這邊工作是不可能的事」，就會立刻勸對方「去別家店會比較好喔」。就算能力方面過關了，與這家店合不合得來也是一個問題。雖然無意讓所有員工獨立創業，不過在我的腦海裡，卻總是想著：「要怎麼樣才能夠讓他獨當一面」。

罵當然是會罵，不過責備之後我還是會稍微轉換心情，盡量不要讓氣氛整個被打壞。若是察覺到對方「好像開始變得提心吊膽」時，就會轉移話題，聊一些大街小巷正在談論的事。消除那些無謂的緊張感，也是讓雙方想法順利溝通的必要手段。

每個人個性都不同，所以我也開始以對方能接受的方式來指導員工。看是要等他發現呢，還是乾脆直接告訴他；是要在大家面前斥責他呢，還是單獨把他叫過來教導……。這一切沒有制式的理論，只能視情況找尋最好的方法。

修業長達八年，最後在去年獨立的前員工每川亮（L'ESSENTIEL，福井縣福井市）技術十分高超。雖然身為員工，卻能夠理解做為上位者的麵包主廚心中想法，並且努力將主管的意思傳達給其他員工知道。當我用詞嚴厲，員工卻無法理解的時候，他甚至還扮演起溝通橋樑這個角色，感覺就像從前的總管。我們店算是小公司，但是主管畢竟是孤獨的。這時候如果身旁有位這樣的員工，主管就能夠放下重擔，安心工作。不僅如此，與員工聚餐的時候，他還會趁工作之餘幫忙採購，甚至準備要提供的菜餚；餐會開始的時候，便搶著站在烤箱前一直烤麵包，抹上一層薄薄的奶油之後再端給大家，這些對他來說，都是輕而易舉、微不足道的工作。他是一個絕對不會炫耀自己，也懂得關心他人，且不管什麼事都能夠勝任的孩子。我甚至不禁懷疑「現在還會有這樣的孩子嗎？」從在我們店裡當員工的那個時候開始，就培養出身為主管應具備之見識的他，在福井市這個戰況激烈地區所開的店可說是奮戰不懈。再加上店裡頭還聚集了個性與能力截然不同的員工，所以我覺得非常有趣。

如果希望員工「做出好麵包」，那就要培養出好人品。這就像是開墾一片好土地，還得要好好灌溉。倘若那片土地是Train Bleu這個「地方」的話，那麼水與養分，就是需要鍛鍊的人品與技術。

女孩子通常個性開朗，好奇心旺盛，而且非常勤奮；至於男孩子，雖然乍看之下不苟言笑，有時卻會突然浮現和善的表情。這一切，我和妻子在與對方溝通的時候，都會盡量留意觀察的。

該何時獨立，員工自己會跟我說。因為這時候大家都會具體地找我討論店面以及機器等開店相關事宜，也就是準備進入「籌備自己的店」這個階段。

我從未制止他們，跟他們說「不行」或者是「還太早」這種話。

員工畢業固然欣喜，卻也讓人五味雜陳，百感交集。坦白說，很寂寞的。他們準備獨立的時候，心情就像是摯友離去般難受，最近甚至感覺好像是自己的孩子準備離家，獨立生活。

不用說，程度到達可以獨立創業的人，當然是Train Bleu當中本領不錯的麵包師傅。但是就損失戰鬥力這一點來看，也令人十分心痛，有時甚至希望他們「能夠再多待一年」。但是，家鄉在等著他們，更何況故鄉還有深愛他們的人。經過了如此漫長的修業歲月，從剛入門那一天「要在老家開麵包店」的誓言已然可以實現了，既然時機到了，我自然要充滿自信地歡送他們。

一直在烘烤麵包的員工

拋棄「我來教你」這個念頭

Train Bleu並不是一開始就事事順利。就連雇用員工這件事，也是好長一段時間遲遲定不下來。

當然，也曾經和妻子苦惱著：「為什麼不盡力一點呢？」「為何無法理解呢？」那是我三十歲初的時候。

有的孩子會想說：「當麵包師傅應該很簡單吧！」有的孩子雖然有熱情，卻因為不習慣Train Bleu的作法而發出哀號。做沒多久就不做的人更是比比皆是。

嚴格指導的同時，我也曾經在心裡頭想過「要怎麼樣他們才會持續下去呢？」我也曾經對員工卑躬屈膝，因為店面還是需要有員工才能夠維持下去，所以我從溝通這一點著手，全家一起與他們共事，甚至還加以獎勵，請大家吃飯，只要是能做的，我都盡力而為了。

過了四十歲後半，情況開始改變了。員工在入門時已經是痛下決心，「要投身於麵包這一行」了。而我與員工之間的關係也開始改變了。理由之一，我想應該是Train Bleu知名度的提升，讓意志高昂的員工聚集於此。不過最主要的因素，應該是我自己的想法也改變了，因為我拋棄了「我來教你」這個觀念。

在這之前，我都是保持者劍道部這個體育社團的精神在教導，大聲斥責、不斷督促，讓他們無地自容。不用說，還有誰會想要待在這裡呢？

不知從何時開始，我開始懂得認錯。「轉機到底是什麼呢？」千思萬想，卻毫無頭緒，不過妻子似乎也在同一個時間點迫切地覺得「不改變是不行的」。

年輕的時候雖然想要好好了解員工，卻因為遲遲無法理解而痛苦萬分，或許是與員工年紀相近的關係吧。為什麼他們就是聽不懂我想要說的話？為什麼無法理解呢？於是我變得有點情緒化，甚至質詢對方原因。後來，我慢慢地回顧自己的態度，同時也開始站在客觀的角度來看待對方。

最近隨著年齡增長，我開始以身為家長的心態來對待他們。現在的員工年紀幾乎和我們家的孩子一樣大，所以對他們來說，我和妻子應該也跟爸爸媽媽一樣吧。

時至今日，我對員工的態度依舊嚴格。第一，我還是會「想要端出不會讓客人失望的Train Bleu商品」，所以我才會責備他們；但是另一方面，我並不是毫無緣由地劈頭就罵，而是會好好說明「為什麼不可以這麼做」。

獨立之後，不管什麼事都是自己的責任，而且還要痛下決心，承擔一切，因為沒有人會盯你的。若是端出上不了檯面的商品，客人是會不發一語，直接轉頭離去的。

如果是提升自我程度的事，就算員工對我說「做不到」，我還是會要求他們做，「或許你會覺得有困難，但還是先試再說吧」。就算覺得「現在這個時期最累」，但是事過境遷，越過難關之後，「這比那時候好多了」的時期一定會到來的。這是我從劍道嚴格的練習當中得到的感想，所以我希望店裡的員工都能夠養成「過了這一關就沒問題」的思考習慣。

感謝員工讓我「心境變遷」

「我們無法改變過去與別人，但可以從現在開始改變未來與自己。」

這是加拿大的精神病學家艾瑞克．伯恩（Eric Berne）的名言。明知如此，但是我們到底有多想要改變別人呢？雖說「改變自己」，但是人並不是那麼容易改變的。

不分青紅皂白地被人指責錯誤，當然會火冒三丈。心裡頭更是會忿忿不平地想：「誰要聽你這個傢伙的話呀！」

明明知道被人劈頭就罵時會一肚子火，但是當自己站在指導者這角色時，卻老是不容分說地加以斥責。在我三十出頭的時候，這樣的紛爭，層出不窮。但是同一時期，有位員工卻讓我的內心出現了變化。那就是我三十後半認識的前員工，紙原紀子（PAIN BOUTIQUE PIEDS NUS，岐阜縣中津川市）。她的店今日依舊是家鄉的熱門麵包店。

她進來我們店的時候，正好是開幕之際就已經在這裡工作的兩位員工提出「辭呈」的時期。這種情況不管是對Train Bleu，甚至是對我，都是危機。憑靠著體育社團的衝勁奮力而為，新進員工過了兩個月就跟我說要辭職、突然說要回家去，我非但找不到突破點，腦子更是想不透，只能乾著急。父親辭世之後，真的是諸事不順。

紙原的個性非常開朗積極，溝通能力也非常強。展露無遺的活潑個性先是救了我一把。主管被下屬「拯救」這件事，意義非凡。除了出色的工作態度以及漂亮的業績這方面的能力，她的年輕、氣勢，以及衝勁，都曾經給我勇氣。

仔細想想，既然對方這麼有氣概，而且還這麼努力，我又何必感到不好意思，應該要坦白說出來的。所謂「值得信賴的主管」，說不定指的是擁有許多「可以信賴的下屬」。

我還記得她進來店裡時身上穿的衣服。「妳那時候好像是穿綠色的衣服」

「咦？這種事你也記得呀！」如此難以啟齒的事雖然無法當面對她說，但是我敢確定這在我的人生當中，其中一場重要的邂逅。

她二十四歲來到我們店，修業八年之後，自立門戶。當時的她不過兩年半的時間，就完全記住四個領域的工作，技術與知識的吸收速度相當出色。我在講習會擔任講師的時候，她還是我的助手，是一個值得信賴的人。之後進來的孩子也都希望自己「能夠和紙原小姐一樣」。這就是她的魅力。

她完全具備了「學習的態度」，不僅學習意願強烈，還盡力瞭解上位者的心情。因為她，我整個人心情變得輕鬆許多，時間也變得更加充裕。她就和我之前提到的前川一樣，在學習技術的同時，還懂得去瞭解經營者的立場與想法，並且從中掌握訣竅。

每當看到她態度誠摯、認真學習的模樣，我都由衷希望她將來能夠實現開店這個夢想。看來「我來教你」這個「上位者的觀點」，已經演變成設身處地，站在員工的立場來想了。

表現優越的下屬不僅可以能讓主管察覺，說不定還能夠激發出主管的能力。

在她進來我們店的那段期間前後，我開始將目標放在「脫離體育類社團」上。

「並不是硬把人家拉上來就好。站在對方的立場，瞭解對方所想的事情其實也很重要。」雖然有段時間我自以為「一定要幫他才行」，卻一直不知道該怎麼做才好。但是遇到這樣的人之後，我竟然可以如此自然地改變了對待員工的方式。

現在店裡的員工都和我兒子及女兒同一輩，就算對方覺得和我有代溝也不需要大驚小怪。正因如此，我會儘量站在對方的立場來理解，這樣就不會出現溝通不良的情況了。

話雖如此，我還是會盡量透過相同的話題來炒熱氣氛，像是演藝人員啦，遊戲啦，還有時下流行的東西，不管是什麼事情都保持著興趣，盡量收集各方資訊。

突然想到從前紙原小姐曾經對我說：「麵包主廚你說什麼，我聽不懂！」而且「我聽不懂！」這句話的氣勢還非常強。而我也變得非常認真，費盡口舌，詳加說明。如此一來，得到「原來如此呀」，或者是「可是我覺得是這樣」之類的回應。

與員工在廚房

秉持著體育人的精神做事時，第一個要面對的就是「自己做不到的事」，因此現在有時我也會坦率地認錯，告訴對方是自己用辭不當。

紙原小姐為我帶來的「心境變遷」，這十年來從未中斷。每當向她傳遞感激之意時，自己也會更加成長。正因如此，我會希望能夠多培養一些值得信賴的員工。

休假的時候，有時我會到已經獨立開店的員工店裡走走。他們做的麵包品質有時甚至超越我們店，這充分說明了他們每一位都是非常細心認真地在工作。

千鈞一髮之際急速成長的高學歷員工

靠自己改變自己，根本就是一件比登天還要難的事。主因是我們並不會察覺到自己的過錯，因為在採取行動的時候，我們都一直以為「自己是對的」。再者，就算值得信賴的人早在一旁指點，又或是自身曾經有過慘痛的失敗經驗，我們仍然不會輕易改變的；除非痛下決心改革，否則自己是不會有任何進展的。

不過，卻曾經有位員工非常明顯地讓我看到他整個人的大轉變，他是杉本大祐（Pique-niquer，愛知縣一宮市）。那真是一場充滿戲劇性的變化。

畢業於一流大學的杉本，在麵包專業學校上了一段時間之後就來我們店了。他的經歷非常特殊，雖然是一位頭腦非常好的孩子，但是在工作方面表現非常差。因為他聰明，自己有一套邏輯，而且記性非常好，所以我才會覺得有時「還真不知該怎麼引導這傢伙」。

他差不多在我們店裡待了一年，我也打算告訴他：「你不適合這份工作，還是辭職打道回府吧！」我覺得這種事早一點說可能會比較好，既然他都唸了四年的大學，人生應該還有其他選擇才是。坦白說，我們兩個在溝通上其實有障礙，每天都過著得不到對方認同的日子，所以當時的他，自尊心應該已經受到傷害了。

然而，某一天情況突然改變了。他竟然可以靜靜地聽完別人說話，而且還會說「好」，不管交代什麼事都願意去做，宛如他人。

在這之前，只要遇到無法理解的事，他就會做得非常不甘不願，而且還會把情緒表露在臉上。不管從那個方面來看，顯然就是若判兩人。我想，他應該是放下自尊了吧。

遇到這種情況，我也愣住了。原本想要對他說：「你還是辭職回家吧！」這句話，終究無法說出口。

工作的時候，我們要有一顆好奇心，自己思考過後還是不懂的話，那就盡量向主管與前輩指教。此外，不管是什麼職業，都要暫且忘記理論，先讓身體牢記每一個步驟。

更何況杉本的修業生涯本來就起步地比別人還要晚，根本就沒有時間一個一個理解之後再來向前邁進。所以我才會認為他應該與「什麼都會做」這個境界絕緣。

心情轉換之後，埋首於修業之中的杉本，有一次因為受傷住院動手術，必須離開職場一段時間。我想他本人應該會非常忐忑不安，擔心失去這份工作。於是，我對住院的杉本說了：「你的位子我會一直幫你留著的，所以你要趕快回來。」他改變了之後，我的想法也跟著他改變了。

學習技術的能力，和當事人的想法息息相關。有的孩子個性坦率，有的則是會在心裡大罵「煩死了」，而他們能學到的程度，自然是完全不同的。杉本也是一樣，雖說態度改變了，並不代表技術能力就會立竿見影地提升。但是他態度的轉變，卻深刻地讓我感受到了。

如果他的態度不曾改變，我想我應該會趁他動手術這個機會跟他說「出院後就不用再回來，另外找一條路吧！」但是那個時候的我已經認同他的努力了，更不希望失去這個「Train Bleu不可或缺的存在」。

前幾天我收到杉本的電子郵件。結束修業生涯，獨立創業之後，他曾經來店裡找我好幾次，不過這次卻是回去之後立刻寫信給我。

「今日在您忙碌之際叨擾了這麼久，還得到一份伴手禮，實在是過意不去，再次向您表示謝意。

十四年前的今天，也就是三月二十一日，是我第一天到Train Bleu上班的日子。依稀記得當日面對著這些高深的技術，我只能自嘆不如，懷疑自己真的做得下去嗎？

一年之後，幸好您沒有拋棄這個礙手礙腳、幾乎快要當上指定派遣球員的我，耐著性子，不斷地培養我，讓我現在得以持續經營這家店。這番話本應親口告訴您的，卻遲遲找不到機會，所以才透過電子郵件來傳遞，這點還請見諒。真的非常謝謝您。

（中略）就回歸初衷這一點來看，這次返鄉，意義深遠。從明天開始我和太太兩個人會繼續努力，經營這一家不管您什麼時候過來，都不會有損您顏面的麵包店。」

他為什麼可以改變這麼多呢？雖然真實原因必須要問本人才知道，不過我當時也看出他的苦惱──「再這樣下去的話，真的會被解雇……」因為這個危機感，**他不再糾結於讓人不順的外在因素，而是檢討自己能否改變**。身為人，我覺得這是一個非常大的超越。

「回到家鄉創業」確實是一件值得高興的事。然而，無論何時，我都希望這裡會是獨立員工心靈依靠之處。

搭配「聆聽」的指導方式

雖然我們是在Train Bleu這個團隊中製作麵包，但是站在「修業」這個學習技術的觀點來看，就算身旁有人可詢問，**但嘗試自己尋找答案是一件非常重要的事**，我平常也會對員工這麼說。

有的孩子會立刻問：「接下來要做什麼？」「為什麼？」這時候我就會告訴他們：「工作的時候如果不讓你們自己找答案，而只是一直教的話，你們會學不到東西的喔！」

只要在搜尋網站中輸入關鍵字，電腦就會列出一長串類似正解的答案。或許是已經習慣這樣的環境，而且事實也擺明了有不少孩子會直接要求指示。正因如此，我才會刻意要他們動動自己的腦子，用心思考，有時甚至會問一些讓他們思考的問題。

就算是思考過後才來詢問建議的孩子，有的可以聞一以知十，有的卻是說十僅知一，也就是「理解力」參差不齊。對於理解力差的孩子就算大罵「你到底要我說幾遍才會懂！」問題還是不會解決的。聽不懂並不是員工的錯，是我的責任。既然是「說十僅知一的孩子」，那就告訴他十次。想要讓對方聽懂，那就要多花一些心思在措辭上，不然就是多確認幾次。

剛進店裡的孩子會分配一位前輩當作指導員，而工作的熟悉程度，端視那位前輩的能力。有的孩子懂得照顧人，有的孩子則是乖巧聽話，每個人個性都不同，所以有的人會因為與前輩的關係而成長，有的則不然。

假設有位前輩與新進員工在我面前說話，這時候我會注意給予指示的前輩說明是否充足，或者是新人在說「好」的時候，臉上有沒有露出疑惑的表情。因為兩人之間想法如果溝通不良的話，非但不可能做出好吃的麵包，有時還會出現失敗的作品。如此一來混亂的場面只會層出不窮。

前輩：「你到底有沒有在聽呀？」

新人：「我看前輩剛剛好像很忙，所以就……」

重蹈覆轍之下，人際關係也會開始變得矛盾起來。工作的成果，其實也是溝通的成果。想法如果無法溝通，又豈能做出「理想的麵包」。對於身為前輩的員工，在面對一對一教學這個不簡單的工作時，我希望他們也能夠回顧當時的自己，進而找到成長的機會。

員工們在工作上起爭執是家常便飯，但起因往往都是為了對方好，一般都不會有結論的。這時候我都會面帶微笑地看著他們，因為我明白這場爭執沒有吵到底的話是不會有結論的。

吵得火熱的時候，他們是沒有時間聽我說話的。所以店關起來之後，我會帶他們兩個一起去小吃店裡喝一杯，不過就算到了那裡，兩個人還是會繼續吵，而且認真到忘了我還坐在旁邊。這是為了工作的事在吵，沒有必要制止。熱心的人就算起爭執也會相互理解的。若是因為吵架就辭職不幹的話，這樣恐怕是無法自己開店的。

這些爭吵，一切都是為了做出好吃的麵包。我認為不要只是接受別人教導，有時也要勇敢提出自己的想法，絕不妥協。自己不僅要與員工好好溝通，還要關注員工之間的爭論才行。

謝謝你們的努力

「謝謝你們願意在Train Bleu努力。」

這是我想對過去和我一起努力的所有人說的話。

如果也把那些認識不是那麼久的孩子算在內的話，要感謝的人恐怕會更多。當中有十三位經過一段嚴格的修業生涯之後，離開了Train Bleu，獨立創業，完成了人生的夢想。他們今日以麵包師傅這個身分、以經營者之姿一直在努力。而讓我感到驕傲的，就是沒有人因為經營不善而拉下鐵門。

一旦瞭解他們那顆坦率的心，就會忍不住肅然起敬。每一個人都讓我印象深刻，而且最近還頻頻因為員工的事而感動不已。

你應該會很好奇：「那麼那些中途離開Train Bleu的那些人現在過得如何呢？」有的因為人際關係不順遂而辭職；有的甚至留下令人不悅的情緒而失聯。

有的孩子寫信給我，強烈表明「一定會努力學成，開家麵包店」的，好不容易如願以償進了我們這家麵包店，可是不過一個禮拜就收拾包袱回家去。幻想著麵包師傅的生活非常燦爛耀眼而踏入這個世界的孩子，真的是前仆後繼。

我自己也有兩個孩子，不過養孩子與培養員工卻是兩件截然不同的事。我與那些進入「Train Bleu的孩子共處的時間並不算短，所以有時他們反而能夠理解到我們家孩子無法理解的事。無奈的是，偶爾卻也會出現無法將他們留在身旁，甚至彼此的關係漸漸疏遠的情況。但是，包括辭職的員工在內，今日的Train Bleu，就是靠著這麼多人的力量支撐起來的。

前幾天，其中一位失聯的員工突然出現在店裡，滿懷歉意地對我說：「當時對於您的指導無法信服，但是當自己站在店家經營者的立場之後，才明白原來這一切都是誤會。」

承認自己的錯並且親自登門道歉是一件非常不容易的事。我不禁好奇「離開Train Bleu之後，他究竟經歷過什麼樣的事呢？」經過一段時間之後，或許他明白我對他如此嚴格指導的意義，因此，我決定把他當作從Train Bleu獨立的第十三位員工。

我和妻子常對彼此說「Train Bleu只留下有用的孩子」。她還說：「只有能夠配合麵包主廚的作法而想出方法的孩子才有辦法跟上。不過我覺得是不是有孩子在這過程當中完全放棄自我呢？雖說這是一個專業師傅的世界，但是就第三者的立場來看，我覺得整個過程都相當嚴格。」甚至問我：「態度要不要放軟一點呢？」

那些半途而廢的員工或許有「無法為麵包師傅的修業生涯畫下句點」的挫折感，說不定還認為那是一段「不堪回首的往事」。但是，不管他們待在店裡的時間有多短暫，沒有他們，就沒有今日的Train Bleu。正因如此，我才會想要對他們說：「謝謝你們那段時間在我身旁。」

第五章

承受逆境

”

已經是極限了。

所以才會全心全力，坦然面對

“

父親的驟逝與沉重的債務

結束在東京的修業，回到高山的這幾年，父親與我各自追求屬於自己的麵包師傅之路。父親在「成瀨麵包」製作學校營養午餐以及批發的麵包，我則是在「Train Bleu」製作自己心目中的麵包。

父親是怎麼看我的呢？或許他覺得「那個小子真是令人擔心」。但是搞不好他對我多少有些期望，覺得「這傢伙還真是有他的」。只不過我們兩個只要一見面，動不動就會起衝突，所以從來沒有發生過放手讓我去做之後，加以稱讚這種事。所以這對脾氣倔強的父子，才會在隔壁棟的建築物裡各自製作自己的麵包。

我在Train Bleu開幕的時候結婚，一年半與四年之後，長子與長女相繼出生。身為一家之主的責任雖然變重了，不過家裡的事我全權交由妻子與母親處理，每天只專注在工作上。我一直在想：「要怎麼樣才能夠讓高山的人接受Train Bleu的麵包」。我想兒子與女兒應該和我一樣，有著為了吸引父親注意而一直在麵包工廠裡玩耍，結果玩到被罵的相同童年回憶吧。

我們家的小孩在學校吃營養午餐的時候，從未一邊吃著麵包，一邊跟同學說：「這是我們家爺爺烤的麵包喔！」因為在他們還不懂事的時候，他們的爺爺，也就是我的父親，就已經撒手人寰了。

父親離去，是我這輩子最大的難關。Train Bleu開幕過了四年，也就是1993年的秋天，父親因為肺癌住院，不到兩個月的時間就天人永別，根本就來不及通知親友。知道得了癌症時已經是末期，醫生也束手無策，我想他本人應該也是遺憾萬分。

因為當時父親還「大為活躍」地努力做麵包，而我自己也想「趁父親還有精神的時候盡情挑戰自己想做的事！」所以對於父親經營的「成瀨麵包」根本就是抱持著「關我何事」的心態。

如果只是不知道事業內容那就算了，父親走了之後，我才知道成瀨麵包竟然有一筆以億為單位的負債。聽了之後錯愕不已的我，即將繼承的事業不僅是零，就連存摺與印章放在哪裡也不知道。

父親走了之後的那個禮拜，我整個人躲在家裡，完全無法出門。住家對面是父親的麵包工廠，隔壁就是Train Bleu的店面。通勤時間不過步行十秒，但是我就是無法過馬路走到工作的地方，只丟下一句話給店裡的員工：「我不知道該怎麼辦才好，總之就麻煩你們了。」不管是麵包店還是工廠，通通都沒有辦法露面，心裡頭只想著「要是我死了的話，可以得到多少保險金呢？」整個人根本就是跌入「深淵」，不知該從何著手解決。

「你這個樣子到底要搞到什麼時候？」

被妻子罵了之後，我才提起精神來。看來只能下定決心，一個一個地解決眼前的問題。於是，我決定從找出存摺與印章這件事開始。

就算是妻子，也不能抱著年幼的孩子逃離成瀨家，所以她才會如此剛毅果決，斥責激勵，希望我振作起來。她的堅毅，拯救了我。

回憶這段往事時，妻子曾經這麼對我說。「如果現在我們扛著金額一樣的負債的話，我想我們恐怕會一蹶不振。但當時正是照顧孩子最辛苦的時期，就算你跟我說有一筆以億為單位的負債，我還是意會不過來。就是因為搞不清楚狀況，所以那句話才說得出口。」

「父親要是沒有那麼早走的話……」

「倘若沒有這筆債的話……」

過去我的腦子裡曾經塞滿了「要是」、「倘若」。然而，就算把已經發生的事從腦子裡刪除，另外一段未來也並不一定會到來。所以我們只能與逆境面對面，一步一步、一日一日地慢慢向前邁進。

時至今日，我依舊認為逆境與沈重的壓力應該是人生當中不可或缺的要素。如果父親能夠活得久一點，而我也準備齊全地繼承麵包工廠的話，是否會像今日這樣拼死拼活地努力工作？是否會坦然面對每一次的邂逅呢？就算被人誤解，我也要坦白的告訴大家，就是因為父親的死，我才能夠得到挑戰的勇氣，以及與大家的相遇。

父親、母親（左），與前來幫忙的千代子（右）〈1991（平成3）年〉

坎坷的麵包工廠重建之路

「謝謝你們每天為我們的營養午餐製作美味可口的麵包。」

牆上貼的那封信是當地小學生寫給成瀨麵包工廠麵包師傅的信。他們把這封信貼在每天看得到的地方。

父親走了之後，我成為成瀨麵包的第四代。每天遊走在父親留下的麵包工廠與Train Bleu之間，有時甚至過著把Train Bleu交給店裡的員工，自己跑去顧工廠的日子。就是因為這樣，我才慢慢了解到現實生活有多嚴峻。工廠的營運狀況十分拮据，幾乎處在破產邊緣，是典型的因無力償付而倒閉的公司範例。那個時候連對銀行的態度也是漠然置之，毫不在意。

身為經營者的我，被迫站在留下工廠，抑或是收起工廠這條交叉路口上。不過苦惱不已的我並不打算「摧毀父親的工廠」，因為這家代代相傳的成瀨麵包不能就此劃下句點。然而想要留下工廠，就必須要改變有問題的過時體制，重整經營模式才行。如此一來，就不得不整頓人員了。整頓人員的名單當中，還包括了因為仰慕父親而長年在此工作的老師傅。儘管「難以啟齒」，我還是直接對廠長說「我知道這麼做非常不人道，但是大家如果能夠坦率地遞出辭呈的話，我會感激不盡的。」

我懷抱著五味雜陳的心情，望著那些從小就叫我「小正」，而且還對我寵愛有加的麵包師傅離去的背影。因此，父親走了之後，將近三年的時間，工廠作業員的面孔一直在換新。

父親離世後過了三年，也就是一九九七年，我把即將營業第八年的Train Bleu與父親的麵包工廠合併。為了重建經營模式，我挪用了麵包店的收益來填補工廠的修繕費用。若問麵包店與工廠是什麼關係，其實麵包店就是「搖錢樹」，也就是採用讓Train Bleu吸收工廠債務這個合併形式，而自己就站在經營者的立場來統籌。人員精簡過後的工廠開始展現經營效果，而麵包店與工廠這兩邊的營運也一點一點地步上軌道。

Train Bleu是由製作麵包的員工負責「接待客人」這項業務，用意在於直接聆聽客人的感想。但是製作學校營養午餐麵包的師傅卻不是直接把麵包送到客人手上，所以看不見身為「客人」的那些孩子們的臉。

我深深認為，讓工廠的麵包師傅「看見」那些吃麵包的人的感受是一件非常重要的事，所以我才會把那封感謝信貼在牆壁上讓大家看。多花一些心思，才能夠讓師傅在烤麵包的時候更有幹勁。

除了貼出小朋友寫的信，我在工廠還會不時地問員工：「你們曾經想像過自己的孩子吃這些麵包時的模樣嗎？」只要我一直不斷地跟大家這麼說，員工的工作態度就會愈來越積極。雖然從前有些員工就和機器人一樣默默不語地工作，不過現在他們開會的時候已經可以不斷地提出自己的意見，面對新的課題也不會輕易地脫口說出「我做不到」這種話，反而會去思考「要怎麼做才能夠辦得到」這個問題。

接下父親的工廠已經超過二十個年頭了，對於做麵包的這份心，我想不管是工廠還是麵包店，都已經成為每個人的共識了。

為了向吃了工廠製作的麵包的那些孩子說出：「請你們也嚐嚐Train Bleu的麵包吧！」「高山的孩子永遠都能夠吃到香味撲鼻的可口麵包喔！」我想麵包店和麵包工廠會一直持續下去的。

從客人的責備之中學習

失敗有很多種。至今的我，縱使年紀已經五十好幾，有時還是會因為「情況真的不妙……」而懊悔不已，尤其是在與客人應對的時候，我每天都在反省。最難應付的，就是遇到客訴的時候，縱使事隔多年，但每每想起當時的情況，都會讓人陷入深思之中。

那天正好是店裡客潮洶湧的日子。像是可頌這種賣得非常好的商品每天都要出爐好幾次，可是那天是才一出爐就搶購一空。而下單預約麵包的客人，則比預定的時間晚來店拿取。

負責店面的員工想要「提供熱呼呼的現烤麵包」給那位客人，所以麵包一出爐並沒有直接保留起來，因為再過不久就是下一批麵包的出爐時間，他想「這樣客人不用等太久就可以拿到熱呼呼的剛出爐的麵包，他們一定會很高興」。然而，客人卻因為員工沒有幫忙預留麵包這件事而火冒三丈。就算員工解釋「只要再等五分鐘就可以了」，客人依舊怒上心頭地破口大罵：「那這還叫預約嗎？」

負責應對的員工一邊哭一邊跑來叫我出去。客人的怒氣一發不可收拾，「你就是這樣重視麵包的狀態勝過時間，所以底下的員工才會這樣！」儘管再三解釋：「那是因為我們想要端出狀態最佳的麵包，真的很抱歉讓您等。」只可惜對方到最後還是無法理解我們的用意，丟下「那是你們家的事」這句話之後就轉身而去。

過了兩三天，那位客人傳了一張傳真過來，上頭寫滿了整件事的原委。「你們在網頁上寫著『員工是寶』，可是你們有好好教導嗎？」這句話深深地刺痛了我的心，店裡的員工亦有同感。

希望對方「趁熱享用」，本來是想要展現我們的誠意。可惜的是客人只想立刻拿到已經做好的麵包，不管我們怎麼說明，彼此之間就是無法溝通。基於好意而做的應對方式，卻適得其反。不管再怎麼解釋，聽在對方耳裡不過是藉口而已。

另外，也有更單純的錯誤。有一次是員工完全忘記留下預約的其中一項商品，而且那個商品一天只出爐一次，就算客人願意等也等不到。不僅如此，預留的其他商品還搞錯，不小心拿給別的客人。接連發生的兩個錯誤，導致完全沒有商品可以交給客人！這是一個無法挽救的錯誤，員工也被罵得狗血淋頭，真的是非常對不起千里迢迢跑來這裡的客人。這一切是不容許辯解的。

不過，有時倒是福禍相倚。正當我因為客訴而準備提筆寫信道歉，把錢退給客人，送禮致歉的時候，卻收到其他客人的感謝函，裡頭寫著「下次去高山的時候一定會順路經過你們店」。

有位常來我們店裡的客人，他的家人生病，食慾不振，吃不太下，不過卻聽他說：「如果是Train Bleu的紅豆麵包那就吃得下」時，我們特地做一個非常大的紅豆麵包，上頭裝飾著鹽漬櫻花，當作驚喜送給他。可惜的是他的家人過沒多久就撒手人寰。他現在還是會來我們店裡買麵包，而且還告訴我們「那個時候他真的很開心」。事情已經過了二十年了，及至今日，我依舊沒有忘記當時將心意傳遞給對方時的那份喜悅。

不管是誰，犯錯時心情都會低落，但這也是一個學習的好機會。為了避免重蹈覆轍，我會和大家聊一聊，而不是自己提出解決方案。果然，有人會提出相當不錯的意見，而且還是超越我想像的好點子。面對員工時，有時想法無法傳達；抑或是不小心讓客人感到不悅，這些都會讓人感到錯愕。因此我們加強了公司的制度，比如：混亂時期不接受預約訂單，同仁之間要共享資訊，預約的商品不只一個人處理，而是要有好幾個人共同確認，大家都要練習因應對策。

即使是出於善意而不小心導致的失誤，就算應對的方式一模一樣，也會有不同的結果，有的客人打從心底非常高興；有的反而會覺得更不開心。我認為最重要的，並不只是站在賣方與買方的立場思考，而是要把對方當作一個獨立的個體，好好地面對面妥善應對才行。

雖然我們每天都要烤兩千個，有時甚至多達三千個麵包，但是**對客人來說，這一小塊麵包就是一切了**。所以我希望就算客人只買了一個麵包，我們也要竭盡全力好好地提供這一次的服務，讓客人心滿意足。這就是我每天在做麵包時，不斷激勵自己的念頭。

照顧母親十三年

父親的死、巨額的負債，再加上這段期間Train Bleu有些員工做沒多久就離職，從天而降的考驗可說是接二連三。不僅如此，有次還發生了車子因為不當行駛而衝進麵包店的車庫裡，結果整台車報廢。似乎，人只要惡運當頭，就會禍不單行，這真的是屋漏偏逢連夜雨，船遲又遇打頭風。讓人不禁懷疑「為什麼只有自己會遇到這麼慘的事呢？」

不僅如此，正當Train Bleu與成瀨麵包的工廠開始慢慢步上軌道的時候，這次換母親倒了。那是我四十歲，也就是二〇〇〇年發生的事，母親因為頸椎受傷，導致脖子以下的身體都動彈不得。

母親本來是一位好強，而且運動神經非常發達的人，不僅比父親早一步考上駕照，指示工作人員的時候更是乾淨俐落，工作時毫不拖泥帶水。因為一直四處跑，所以身體要是沒有動的話，就會覺得全身不對勁。然而，除了睡覺，什麼事都做不了的痛苦，卻導致她心中的壓力無處發洩。工廠負債的事，母親當然知道。她心裡應該也一直掛念著「我怎麼睡得著？要工作呀！」正因如此，四肢動彈不得的現狀，讓母親焦慮不安，而且還把怒氣發洩在旁人身上。

我們曾經帶母親到看護所短暫住了一段時日，可是一些瑣碎的小事卻足以讓母親急躁不已，搞到最後根本就無法和旁人溝通。同時，她也強烈地表明：「不想離開自己的家」。而就算請看護來家裡，母親也只會抱怨連連。一直到二〇一三年她離世為止，全家人就在專家的協助之下，盡心竭力，照顧母親十三年。

照顧人並不是一件輕而易舉的事。儘管，那時我正在考慮是否要參加號稱麵包師傅世界盃的「世界盃麵包大賽（Coupe du Monde de la Boulangerie）」，卻還是要幫忙照顧。白天我因為做麵包還有管理工廠的事忙得不可開交，只好將看護的工作交給妻子了。

孩子們就算要考試，也會幫我照顧母親。我想這應該是「小時候奶奶也曾經照顧過我們」的這段回憶，讓他們願意待在母親身旁照顧他。而面對孫子的母親，當然也不好埋怨什麼，所以這兩個孩子真的是幫了我一個大忙。

母親雖然會遷怒於人，但是天生不認輸的她，卻非常努力地在復健，而且還展現出不錯的效果，有段時間身體狀況甚至回復到可以自己拿湯匙吃飯。原本是脖子以下的身體整個癱瘓，現在好轉至這種情況，真的是非常了不起。一直到她離去的那一刻，母親依舊不改剛強的個性。

關於照顧母親的種種，想說的實在是太多，足以寫成一本書了。在她二〇一三年辭世以前，不管是她本人還是我們全家人，大家都盡力而為了，而這個看護的經驗，也加深了我們全家人的感情。

我不得不承認自己的資質大部分都是來自於母親，連妻子也說我那靈敏的味覺與嗅覺，以及懂得正確判斷事物的能力，都是遺傳自我母親。母親非常注重日常生活中的味覺與嗅覺。不僅煮得一手好菜，還能夠敏銳地嚐出味道的差異，對「吃」的敏銳性，深深地影響了我。因此我才會非常重視在這片土地上生產的東西，一切要求手工製作，完全不用進口品、冷凍品甚至是調理包。託她的福，我才能夠在立志當上麵包師傅之前，養成四處品嚐麵包與美食的習慣，而且這樣的經驗，還讓我得以充分地發揮在工作上。

當然，父母應該也曾企圖把身為長男的我，好好地培養成「成瀨麵包」的繼承人。不過他們的態度並沒有非常明顯，而是讓我一邊體會到箇中滋味，一邊學習麵包的製作技術。因此我非常感謝母親，養成我在追求美味的同時，也懂得樂在其中的態度。

把目標訂高一點，勇往直前！

父親走了之後，我在家裡躲了一個禮拜，甚至想「要是自己死了會怎麼樣呢？這樣會不會比較輕鬆呢？」照顧母親這個永無止盡的生活，也曾讓我冒出了希望母親早點死的念頭。人一旦承受到沈重的壓力，就會陷入負面情緒這個漩渦之中。

遇到這種情況，更要邁向明朗的道路，起身而行。正因為整個人已經快要忍到極限了，所以更要把目標訂的高一點，排除那些無謂的複雜情緒，一心一意地讓雙手動起來，不這樣的話，負面情緒搞不好就會引發負面行動。

當時我訂下的目標，是追求超越心中所想、層次更高一階的麵包。說得具體一點，就是挑戰人稱麵包師傅世界盃的「世界盃麵包大賽」。日本國內預選與大會的盛況將會在下一章詳述，在此，我想先談談，我從深不見底的黑洞之中找到光明的那段心路歷程。

挑戰世界盃麵包大賽這個念頭，是到父親過世了幾年後，事業漸漸地步上軌道後才開始有的。一開始本來是想參加二〇〇二年的大會，無奈二〇〇〇年母親病倒了，為了照顧母親，不得不停止準備。但是我並沒有死心，應該說，我覺得不應該就這樣放棄。

當時，償還父親遺留的債務這件事，依舊沈重地壓在我肩上，再加上照顧母親這件事越來越不輕鬆，不管怎麼做，心情就是一蹶不振。正因如此，我才會想要把目標訂高一點，促使自己能專心一致地做麵包。因為只有在做麵包的時刻，我才能夠把心思放在「好吃」或者是「漂亮」等積極樂觀的理想目標上。

妻子曾經說我這個人「唯一的才能只有做麵包」、「個性就是這麼單純」。她說的一點都沒有錯。因為我倆一起度過了那段困苦不堪的時期，所以她對我可說是瞭若指掌，我的那份「單純」當時發揮了效果。在這難題重重的局面之下，人要是想得太複雜的話，是會無法承受一切，而身心都完全放棄的。所以，那時候的我，根本就不能想太多。

身為麵包師傅的我，一直堅持「要把目標設在更高遠的地方」。在「世界盃麵包大賽」這個最高的舞台上，我打算製作「維也納甜麵包」這個堪稱Train Bleu招牌商品的麵包，置身在重重困難的我，再次確認了自己的理想，決定要做樸實簡單，但是卻十分燦爛耀眼的麵包。

我一邊在店裡做麵包，一邊管理成瀨麵包的工廠，照顧母親的事也是盡力而為。在這種情況之下練習參賽項目，對於身心都會造成相當大的負擔。正因為痛苦，我才會覺得把目標訂在高處是對的，因為參加大賽這個挑戰給我了力量，讓我得以從紛亂的日子中抽離。

挑戰的結果，我不僅代表日本參賽，而且還在這場世界大賽中打入第三名。從這個時候開始，我發現自己的眼界變了，Train Bleu的知名度提升了，經營狀況也慢慢的回到正軌。我在心裡告訴自己：「千萬不要太過得意」，但我敢肯定，這項挑戰已讓自己所處的環境掀起了一陣新的風潮。

第六章
邁向巔峰

”不受周圍困惑
相信自我感性“

在法國考察時找回初衷

在以「世界盃麵包大賽」為目標之前，就有件事促使我將目光拉向國外。這大約是二十年前的事，當時有位在東京都內經營麵包店的熟人找我「一起去視察法國的麵包店吧」。

雖說是法國，但要去的並不是巴黎這個大都會，而是「亞爾薩斯」這個地方。這裡是從巴黎開車要花上五個小時的鄉下地方，但是卻有一家深受法國國家最佳工藝師（MOF，Meilleur Ouvrier de France）認同的店。這家店的麵包師傅叫做Joseph Dorffer，是在這片土地長大的。

到了Dorffer的麵包店，只見住在附近的人絡繹不絕地來到店裡選購麵包。令人驚訝的是，雖然此地與都會的距離就像高山與東京一樣，甚至更遠，但是卻能夠做到這種地步，那份直搗人心的感動，令我難以忘懷。

法國各地都可找到和Dorffer一樣優秀的師傅，而且不光是麵包，餐廳方面也有不少名店。每一位在各個地方長大的麵包師傅都**在自己的故鄉一邊生活，一邊利用當地的食材與水，製作深受當地人喜愛的麵包**。那時，我由衷的感動，心想「這才是我心目中麵包師傅的理想模樣」。

當時的Train Bleu正面臨著員工脫離、麵包店失去方向等，來自各方面的問題，連開店初衷也逐漸被淡忘。但是，參訪Dorffer的店之後，卻喚醒了「讓高山的人品嚐到真正的麵包」這個自開店以來的念頭。「要多磨練技術，就算身在鄉下地方，也不可以把這一點當作阻礙。」從此，「要在故鄉開一家燦爛耀眼的麵包店」的念頭，就一直深植我心。

常有人問我：「你不會想要到國外修業嗎？」最近到法國修業，學習烘焙道地麵包的麵包師傅在日本已經越來越普遍了，就連我也曾經到法國數次，讓刺激洗滌身心之後再回來。在日本，如果告訴別人自己「曾經在法國修業」的話，光是這樣就足以為自己鍍上一層金，並且在別人心中烙印上好像很厲害的優秀印象。只不過，我反而覺得「對現在的自己而言，日本這裡應該還有許多該學的東西還沒學到」。

雖然沒有選擇到國外修業，不過到國外參訪這件事，卻是一個魅力十足的經驗。最近不僅是歐洲，我還常出國到亞洲走走。在麵食文化根深蒂固的中國，我不僅參觀了宅配現做麵包的公司，還對他們龐大的規模感到訝異不已。除此之外，來自國外的商品開發與講習會的委託也越來越多了。「既然要做，那就要讓超越國界委託我們的外國人感到驚艷。」因此，我非常樂意多方嘗試，不斷摸索。

用新鮮水果創造麵包的季節感

「維也納甜麵包」這個詞一般人聽到或許會感到非常陌生。這是除了鹽，在麵糰裡加入奶油、砂糖、蛋，以及其他副材料一起揉捏，烘烤製成的麵包名稱。

唸書的時候，我第一次在東京都內某家有法籍主廚進駐的麵包店看到維也納甜麵包，那裡的麵包好吃而且華麗地令人驚訝。因此，我心裡頭想著「自己也要試著做出這樣的麵包」。

Train Bleu剛成立的時候，我正開始迷上西式糕點，想說從中擷取一些點子，運用在麵包上。西式糕點非常細膩、有魅力，風味組合琳琅滿目，而且還運用了不少製作麵包時鮮少使用的素材，樂趣可說是層出不窮。每次上東京，我都會買一些與西式糕點有關的書，每天毫不厭倦地翻閱這些書，想著「好美喔」、「這是怎麼弄的？」除了顏色組合與豐富多彩的外型設計令人激賞，我還站在製作者的立場，思考著要怎麼樣才做得出來。

我曾經實際拜訪那些食譜的作者，也就是西式糕點師傅所開的店面，買了一些蛋糕，多拜訪幾次之後，才開始和他們聊了起來……我想我應該是對西式糕點這個世界太過嚮往，所以才會像受到刺激般整個迷上它。

西式糕點的世界對於季節非常敏感，而我認為維也納甜麵包更是展現了昔日在麵包世界中，從未表達的季節感。雖然現在一年四季都能夠買到草莓，而且就連聖誕節蛋糕上也會擺上一些草莓裝飾。但草莓真正的盛產季節是春天。所以當西式糕點店的草莓類商品增加了，就會讓人察覺到春天來了。如果是葡萄的話，那就是秋天。

我覺得麵包店也需要一些可以感受到四季變化的商品。**當客人看到我們店的麵包時，我希望他們也能夠享受到春夏秋冬的變化。**既然如此，那麼應該可以用添加水果的維也納甜麵包來展現季節感。但是，上頭放了罐頭黃桃與水果乾的麵包到其他店也找得到，不足為奇，更品嚐不到水果的新鮮。因此，我試著用新鮮柳橙來製作。

一般來說，一旦加熱，果肉就會因為水分流失而變得乾澀。那麼要如何解決這個問題呢？答案就在我最愛的那本西式糕點食譜之中。首先將柳橙一瓣一瓣地分切，然後將滿柳橙果香的法國利口酒「君度橙酒（Cointreau）」加入糖漿調勻之後，再放入柳橙果肉，泡漬一晚，也就是製作「醃柳橙」。醃過的柳橙放在麵包麵糰上烘烤的時候，那些糖漿不僅可以防止果肉乾燥，而且還能夠散發出閃亮光澤，呈現出一股絕妙的風味。

我試著把這項商品陳列在店裡，沒想到好評不斷。客人不僅接受了這樣的口味，而且它還成為店裡的長銷商品，甚至還有員工因為吃了這個維也納甜麵包，而開始在Train Bleu工作呢。

推出了柳橙之後，其他的水果口味也開始慢慢增加。為此，我不僅學習了水果的處理方式，而且還大量使用水蜜桃、草莓、藍莓以及蘋果等當地生產的水果，讓外觀和蛋糕一樣華麗的商品隨著季節裝飾店面。

水果從上市、生產到產季結束，味道、口感與顏色都各有不同。而最讓我在意的，莫過於甜味與酸味的變化，我會調整搭配的鮮奶油比例，將水果的最佳風味整個提引出來。草莓撒上糖粉之後，我會再撒上一層覆盆子粉，展現出紅白對比的色彩；凸頂柑的話我會先烤上色，然後再添加些開心果。至於葡萄，我會將無籽的比歐內葡萄用糖漿醃漬過後，再搭配白酒、鮮奶油。當時我腦子裡所不斷推敲思考的，全都是風味與外觀的絕妙均衡搭配。

經過多方嘗試，我終於做出有著鮮嫩多汁的水果裝飾、口味嶄新的維也納甜麵包。

至於水果，腐爛的當然不在話下，而有損傷、甚至是色彩不夠顯眼的都不能用。訂購的時候就連形狀也要均等齊一才行。以藍莓為例，麵包最上層是大小為L尺寸，也就是顆粒最大的果粒，再來就是比較小的M尺寸；花瓣的位置與角度對齊之後排放在麵包上，除了新鮮度，美觀與否也非常重要；擺飾的薄荷是自家栽種的；即使是一粒核桃，也不能忽略大小與擺放的位置。不斷摸索，目的就是為了讓麵包看起來更加賞心悅目。

關於美味，我還曾經下過苦心，在香鹹的可頌麵糰上盛放鮮奶油與水果，將其做成維也納甜麵包的口味，而且滋味還美妙地讓人「想要再多吃一個」。但是用餐的時候，要盡量避免端出甜麵包，畢竟主菜與襯托的副主食之間的均衡也非常重要。

如同第一章所述，我的目標，就是美麗與可口兩者兼備、充滿說服力的「燦爛麵包」。而這個維也納甜麵包，也深深地刻劃出Train Bleu的成長軌跡。

從上面，再從側面欣賞分切的蛋糕，一口一口細細品嚐的幸福感。如果自己第一次吃維也納甜麵包時所體會到的那份「美味、華麗、讓人驚艷」的心情能夠傳遞給大家的話，我想我就已經心滿意足了。

初春限定商品，凸頂柑糕點。

預賽——從業界底層開始挑戰

為什麼會想要挑戰「世界盃麵包大賽」呢？其中一個原因我已經在上一章提過了，是因為精神狀態已經瀕臨崩潰邊緣，所以，我想要利用參加大賽這件事來激發動力，好讓自己度過這場考驗。

另外一個原因，就是要向全國小型麵包店叫喊助威。你也可以說這是為了展示共同奮戰的氣概。聽到地方上那間小型麵包店的老頭是「日本的麵包師傅代表」時，你不覺得很棒嗎？地方上有家規模雖小，卻如同寶石般閃閃發亮的麵包店，裡頭擺滿了燦爛耀眼的麵包。想要讓法國亞爾薩斯的光景也出現在日本的話，最重要的，就是要刺激各地的小型麵包店，進而提升整個麵包界的層次。既然如此，那麼就要從業界的最底層開始挑戰。

「世界盃麵包大賽」是在法國為麵包師傅舉辦的世界盃比賽，正式名稱為「路易樂斯福世界盃麵包大賽」，是以國別對抗的方式，比賽製作麵包的技術、速度與藝術性，而且必須在八小時以內利用大會準備的設備以及指定的材料烘烤出規定的麵包。

各國代表隊由三人所組成，每位都是在國內預選賽當中脫穎而出的各部門代表。所謂的各部門，指的是下列三類（參加當時）。

①棍子麵包&特別麵包類
②維也納甜麵包類
③藝術麵包類（裝飾麵包）

日本自一九九四年的第二屆大會開始參加，並於二〇〇二年的第五屆大會首次戴上優勝的榮冠，這是日本第四次參賽的壯舉。不過，想要向全世界挑戰麵包技術，必須先在日本國內通過嚴格的預賽。

在代表日本參賽之前，得知有位在知名麵包製造公司上班的麵包師傅，以經在預賽中脫穎而出，被選為代表參賽了。隸屬於公司組織的麵包師傅，因為有公司在背後支持，所以可以在上班時間內好好練習。然而如果是私人經營的麵包店，就只能在下班以外的時間，而且還要犧牲休息時間才有辦法練習。身旁找不到有參賽經驗的前輩，就連參賽方法也要靠自己想才行。我獨自開發了一套訓練方法，故意把工具放在距離自己較遠的地方，並且在規定時間內製作麵包，好讓身體熟悉這樣的時間感覺。

至於環境，雖然地方的私人麵包店讓我覺得不利於練習，但是國內預賽通常都會顧慮這些參賽者通常來自各地，所以並不會準備一個不利於這些人的環境。第一次審查時，要將作品冷凍之後寄至都內的審查會場接受實品審查。不管參賽者是來自地方還是都內，每一位的條件都一樣，不會有所偏頗。

就這樣，我在「維也納甜麵包部門」獲得優勝，並且代表日本，進軍挑戰二〇〇五年第六屆的世界盃麵包大賽。從國內預賽晉級到準決賽約兩年的時間，然而，成為日本代表的那個喜悅只不過是曇花一現。為了下次的挑戰，我又要開始過著嚴格練習的日子了。在高山的這家小小的麵包店裡，我每天一邊工作，一邊讓自己維持積極的態度。其實心情不時地保持振奮這件事比想像中還要累，但是這畢竟是在與許多麵包同業當中相互競爭、得來不易的參賽代表資格，豈可就此放手？為此，我每日孜孜不倦，拼死拼活地磨練製作麵包的技術。

在大會上必須使用不曾用過的機器、第一次接觸的材料，並且在八小時內做好麵包。整個團隊的三個人必須共同使用一個烤爐來烤麵包，所以我們按照參賽的單位，相互通融時間，齊心協力以完成這項作業。每個隊員都要互相了解彼此，而且還要慎密地磨合切磋。

除了我，另外兩位參賽代表分別為關西的知名麵包店師傅與關東某專門學校的老師，但是大家一起練習的機會並不多，想要練習團隊工作實屬不易。為了籌措出國經費，日本全國各地舉辦的講習會，就成了我們三個人唯一可以碰面的時間，只能藉此多加練習了。

激戰——經驗拯救了危機

經過了身為日本代表的這段準備期間，世界盃麵包大賽終於要來臨了。二〇〇五年的我剛好四十五歲，我一邊深感前一屆優勝國這個沈重壓力，一邊迎接這個時刻的到來。不料這時候，竟然發生了一件足以摧毀事前準備的意外事件。

在總決賽的前一天，參賽者擁有一個小時的前置作業時間，這是為了大賽當日的八個小時而提前準備的時間。這段時間決定了勝敗。我利用這一個小時製作了自己的作品需要的兩種麵糰，麵糰在製作的時候通常要發酵至某個程度，而且還要經過一晚的熟成才行，但是為了讓麵糰停止發酵，只持續熟成的話，就非得放在零下五度的冷凍庫裡保存。確認冷凍庫的溫度沒有問題之後，我們就離開會場了。

然而隔天來到會場之後，溫度計上竟然顯示三十八度！我不禁懷疑我的眼睛是不是看錯了。冷凍庫竟然出問題了！結果我們的麵糰因為發酵過頭，根本就不能用了。

發現的時候距離大賽開始的時間已經不到三十分鐘了。此時的我，腦子一片空白，因為這段時間累積的訓練根本就是白忙一場。

想要用的麵糰已經泡湯了，只能從計量材料開始了。但因為是主辦單位導致的問題，所以除了規定的八個小時，對方又再多給我們一個半小時的時間準備。然而就算多了一個半小時，沒有時間讓麵糰「醒麵一晚」這個事實並不會有所改變，而且麵糰直接使用的話，是無法將裡頭的鮮甜滋味提引出來的。

就算按照一般的方法重做麵糰，也做不出好吃的麵包。有沒有什麼嶄新的手法可以利用呢？這時候我決定在重做的麵糰裡加一些「超熟成」的麵糰，也就是前一天因為發生意外而發酵過頭的麵糰。

腦子裡雖然想出了方法，但是問題來了：「到底要加多少超熟成的麵糰呢？」正當在心裡推敲比例的時候，有種奇妙的感覺湧上心頭。

這種感覺，就像是「進入了神秘地帶」。自己過去曾經做過的麵包食譜所累積的數據就像捲簾，「咻——」地從我腦海裡滑過，而且以非常快的速度顯示了我在各個場面看過的配方表。

從腦海裡閃過的配方表資料突然瞬間停止轉動。此時的我，毫不猶豫地決定按照那個比例來調整。整個過程不到五分鐘。這種情況就算說了，別人應該也不太能瞭解，但是現在回想起來，卻會讓人頭皮發麻呢！

我還記得當時大膽決定之後，第一個作品完成時，麵包出爐的模樣真的是漂亮到讓我全身發抖。而且多給的那一個半小時還沒有用完，我就已經完成了一項作品了。

最後我們得了第三名。雖然沒有蟬聯冠軍，但是這項挑戰卻讓我收穫不少。

那個時候從我腦海裡閃過的「捲簾」到底是什麼？我覺得應該是經驗累積而成的資料庫，而不是苦讀累積的成果……這不是刻意收集的東西，而是小時候媽媽教我的那些東西讓我對吃產生了興趣，並且以此為根基，一邊享受「試著這麼做」、「試著那麼做」的樂趣，一邊多方嘗試之下，不知不覺累積的各種經驗。

我不知道第六感或者是靈感的本質是什麼，我只知道那些都是不知不覺中累積的經驗所帶來的東西。

我會對員工說「不可以偷工減料」、「持續下去最重要」，但是絕對不會要求他們「一定要堅持苦行」。與其強迫他們累積一知半解的經驗，我反而比較偏好讓他們一邊做喜歡的事，一邊深烙心中。放在自己心中的那個「抽屜」如果塞滿了包含玩樂在內的經驗所發現的事，那麼緊急時刻，這些發現一定會適時派上用場的。

作者在世界盃麵包大賽第六屆比賽當中的作品

接受表彰之後的作者（右邊數來第二位）

以年少時光的記憶所創作的「蜂巢」

接下來我想要介紹參加世界盃麵包大賽時，在維也納甜麵包這個項目當中讓我感觸最深的——名為「蜂巢」的麵包。

維也納甜麵包不僅是味覺，視覺上更是讓人賞心悅目。因此「蜂巢」在外觀上也下了不少苦心。這款麵包是模仿蜂巢的形狀，將布里歐麵糰做成底座，烘烤出爐之後趁熱淋上糖漿，再用白巧克力做出蜂巢表面的孔洞，接著撒上糖粉與可可粉，將巢穴一個一個地展現出深淺不一的色彩，最後再用杏仁片做成小蜜蜂裝飾。

這耐人尋味的外觀，花了這麼多功夫，就是為了讓大家感受到其中的故事性。用糖粉描繪的白線代表曙光，迷迭香代表樹木，橢圓形的杏仁片是蜜蜂的翅膀。這款麵包是以在大自然中沐浴在朝陽之下燦爛耀眼的蜂巢與蜂姿為意象，而且還大量使用了蜂蜜與核桃等來自大自然的素材。

創作意象來源，是念小學時所看到的光景。那是我在高山的大自然中奔跑時，聞到的稻田與森林的氣息，跌倒時跑進嘴裡的泥土味，還有昆蟲振翅飛翔的聲音……。我把少年時代的回憶全都展現在麵包裡了。

思索新點子時不可或缺的靈感，沒想到竟然就在我腳邊。從麵包師傅以外的人身上得到靈感固然重要，但是遠水畢竟救不了近火，於是我試著從自己身上找出能夠湧出好點子的靈感。「蜂巢」這個主題的曙光、蜜蜂與樹木交織的光景，早已存在我心裡。同樣以蜜蜂為意象，換成別人來做的話，我想應該又會是另一種模樣吧！

思考新款麵包時，初期階段我會盡量不要詢問他人的評價，先一個人沈浸在思索自己想要做的造型與展現的風味這段時光裡。不過一直想著這件事並不會迸出創意，有時甚至是某天在上廁所時突然靈光一閃。不要急著找人商量，總之先自己好好地想一想，固然苦悶，卻也是有趣的地方。這整個過程，我想應該可以用「苦中帶樂」這句話來形容。

當浮現在腦海裡的靈感成型之後，就會進入試做階段。當了麵包師傅超過十年之後，我才得以慢慢地在試做階段做出接近一開始就能夠完成意象的成品。但是，一定會有不足的地方。即使是「蜂巢」，我也是花了好一段時間才將這個不足的部分填補起來。

這就是我在這個可以大顯身手的世界舞台上完成的其中一項作品——「蜂巢」。而世界盃麵包大賽更是給了我一個機會，讓我得以再次確定，對我而言故鄉「高山」是一個非常重要的地方。

蜂巢（拍攝者：間宮博）

以督導身分率領代表團

每三年舉辦一次的世界盃麵包大賽在二〇〇八年結束比賽之後，改為四年舉辦一次。而我在二〇一二年以督導身分參加比賽也是一項得來不易的寶貴經驗。

二〇一二年的比賽，日本隊並不是種子隊，是藉由在亞洲預賽中獲勝才得以進入總決賽的。不知道為什麼，在我見到在亞洲預賽中獲勝的三位日本代表時，從他們臉上卻看不出興奮的表情，只感覺到他們在亞洲預賽獲勝之後，已經精疲力盡了。

亞洲預賽結束之後，收到邀請的我接下督導一職。成為日本參賽代表的這三位都是經過嚴格挑選、代表大公司的優秀麵包師傅。然而不知為什麼，他們看起來卻十分怯懦膽小。我猜他們應該是收到各方前輩的眾多指導，過於認真聽從，結果反而不知道自己想要做什麼。感覺他們並不是在做自己想要做的麵包，而是在做「周圍的人所說的麵包」，所以我建議選手「要不要想一下自己想怎麼做再來嘗試呢？」「有想做的就放手一搏吧！」「遇到對的場面就要堅持自我」、「對於周圍的人不要太客氣比較好」。為了尊重他們，我盡量避免使用強烈的口氣，只是告訴他們身為前日本代表的一些想法，而對於周遭聲援的成員，我則是督促他們「靜靜地在旁守望就好」。

這場大賽雖然是以各國團體戰的方式來進行，不過負責各個部門的卻只有一位選手，也就是「嚴厲要求個人能力」。解決問題的是自己，決定要做什麼樣的麵包的也是自己。臨陣磨槍、現學現賣是無法戰鬥到底的。

到了總決賽這一天，原本最有希望獲勝的法國隊，似乎是因為前一天其中一位團員手指受傷而亂了步調，竟然超過時間；而日本隊則是以從容不迫、游刃有餘的態度與團隊合作，在規定時間的二十分鐘前就完成所有作業。

展示作品的時候，日本隊在麵包的正中央擺了一隻鶴，表達出這是一隻「羈絆深切的鳥」，藉以發出期望日本能夠從東日本大震災之中重建復興。

發表結果的時候，是從第三名依序公布成績。第三名是台灣，第二名是美國。此時心頭湧上不安的情緒，「亞洲恐怕不會同時有兩個國家打入前三名……」，但是沒想到日本竟然漂亮地拿下第一名。這次日本不僅得到下次參賽的種子權，而且不需要經過亞洲及大洋洲地區的預賽，就能夠直接從準決賽中出場。

日本隊作業程序的正確性、藝術性、速度與團隊合作，獲得審查員極高的評價。身為督導的我能夠在這場比賽中帶出優勝團隊，這不僅是非常寶貴的經驗，就連我自己本身也學到不少東西。

二〇一六年，我擔任了國內預賽的審查員，可惜日本在總決賽的時候跌至第六名，而奪冠呼聲最高的法國與美國也無法安穩取勝，可見想要奪下冠軍，並不容易。目前優勝次數最多的，是法國的三次，再來是美國與日本的兩次，瑞士與韓國各一次。世界盃麵包大賽一共舉辦九次，然而到目前為止並沒有國家能夠蟬聯冠軍。

看了二〇一六年大會的比賽結果時，我覺得現在的情況與十一年前已經截然不同，因為過多的資訊已經影響到比賽了。

如果是大公司的派出的參賽代表，恐怕會從更多人那邊聽到更多的資訊吧，有時說不定會搞不清楚哪一個才是正確答案。這個時候，或許更要關閉所有的資訊來源，仔細聆聽自己到底想要怎麼做。相信自己的感覺是需要勇氣的，剛開始或許會不知所措，但是**一定要相信這一路走來所做的一切，並且堅持自己的意念**，這一點非常重要。

可惜的是，不論是在我之後，或是在我之前，都沒有私人麵包店的麵包師傅被選為日本代表。在這個資訊與事物來去自由的時代，照理說，應該是不會有都市利多、地方利空的情況。我希望大家，包括從Train Bleu畢業的學長學姐在內，那些在故鄉開店的私人麵包店都能夠更加奮起。

第七章

寄託未來

”綻放光彩
成為地方的驕傲“

想和員工一起走下去

「現在的我仍持續在前進，所以要我為自己的麵包師傅生涯做個結論還太早。」心裡頭一直這麼想的我，就這樣寫下了這本書。其實我對於某件事的評價與想法通常都沒有什麼成見，絕大部分都是苦惱著不知該如何表達才好。

話雖如此，自己在撰寫著作的過程當中，有些念頭卻越來越強烈。其中一個，就是期望每一個世代的員工都能夠開拓自己的未來，並且相信他們能夠讓麵包這個業界更有活力。

第二點，就是下定決心今後要更加積極地對麵包業界與地方有所貢獻。

再來，就是牢記身為麵包師傅的自己，永遠都是處在成長過程之中。

來自日本全國各地的員工，融入高山這個共同體之後，都齊聚在此提升技術、磨練個性、成長蛻變，並且離巢獨立。決心如果不夠徹底的話，麵包師傅的修業生涯是無法持續下去的。另外，想要認真地接受他們的決心與熱忱，自己勢必也要認真的生活、學習與工作。驀然回首，發現本來應該是要我來「栽培」的他們，卻反而讓我從中「學習」、不斷成長。今日看來，我發現自己成長了不少，正是因為遇見不錯的員工，我才能夠以主廚師傅的身分繼續走下去。

未來，要輪到昔日的員工成為指導者了。有些修業離開的員工底下甚至已經有員工在跟隨，並且在傳授製作麵包的技術了。讓人不禁好奇：「他們究竟會做出什麼樣的麵包？」

我自己本身若是受邀參加講習會或演講會，除非體力不支，否則我通常都一律接受，因為我渴望與大家分享我的技術與經驗。失敗與迷惘，這些屬於自己的負面經驗也通通毫不保留，而且還會告訴大家「附近那家麵包店的老闆」認為工作的時候該是什麼模樣，這些都非常重要。

同樣地，在地方經營麵包店的人如果也能夠過來聽我演講的話那更好。只要麵包業界的底層人士能力提升，照理說整個業界的程度也會跟著提高。如果能夠掌握到一些訣竅的話，大家在地方上就能夠各自成為當地不可或缺的麵包店與人物了。

日本出現了擁有好幾家分店的大型麵包店，使得小規模經營的麵包店陷入不易經營的困境之中。但是放眼世界，尤其是歐洲，你會發現規模較小的私人麵包店反而比較多。那些大型麵包公司的市場佔有率並沒有日本那麼高，而且幾乎所有的麵包店都是地區密集型。對他們來說，在「附近的那家麵包店」購買剛出爐的麵包根本就是理所當然的事。如果這種小型的麵包店在日本也能夠增加，**讓麵包師傅在自己家鄉的麵包店好好地烤出屬於自己風格的麵包，那有多好呀！**

在各地參加講習會時，偶爾會遇到住在附近的前員工過來聲援。獨立創業之後在「故鄉開麵包店」的員工分散在日本各地，不僅形成一個網絡，而且每年到了夏天，這些獨立開店的員工就會聚集在一起開個畢業同學會。如果可以，我希望他們今後也能夠開個讀書會，一邊交換資訊，一邊相互成長。

現在我們店裡的員工都是活力洋溢、容易相處的年輕人。他們最喜歡製造驚喜了，像是母親節的時候，大家就每個人都送給妻子不同顏色的康乃馨，而收到色彩繽紛的康乃馨之後，妻子可說是感激地不得了。

生日那天，當我站在廚房，把麵粉撒在作業台上的時候，整個檯面就好像一塊帆布，上頭寫著「Happy Birthday」，這真的是讓我又驚又喜。他們竟然趁我不注意的時候偷偷地在上頭寫字。這些孩子最喜歡在背後弄一些玩意兒，「看看有沒有什麼好玩的事」，「討人歡心」的那份用心，他們也同時展現在製作麵包上了。

所以今後我希望能夠和這群孩子一起成長下去。

員工送給我的生日驚喜

說出「要做麵包」的兒子

年過半百，不管做什麼事，腦子裡就只想到麵包，而且每天都過著這樣的生活，所以妻子才會老是念「你要不要稍微放輕鬆一點呀！」「你一直拼命地付出，這樣會倒下去的啦！」這種情況，真的好嗎？但是反過來看，我甚至還想過「拼死拼活地工作，最後整個人倒下結束一生才是最幸福的事」，彷彿自己是一條洄游魚，若是不四處活動、不斷向前游的話就會死掉。

這樣停不下來的我，最近開始擁有一些不太一樣的時間了。離開高山出差到大都市時，我會坐在咖啡廳裡，把書本打開。不過看的並不是製作麵包或者是商業主題的書，而是內容與這毫不相干的作品。我的個性，是連走路的時候也會一直想著做麵包的事，所以刻意空出時間做一些與工作無關的事情，這樣應該無妨吧？最近的我心裡頭一直這麼想，而且也親身力行一番。

再過幾年，我就會和父親逝世時同年，所以也開始思考這方面的事。一想到麵包店與家人，就會覺得自己一定要活得比父親還要久才行。

兒子也正朝著麵包這個世界邁進。自都內大學與專門學校畢業之後，他自己選了一家麵包店，登門拜師學藝，而且選的是我非常敬重的一位麵包師傅所開的店。唸書的時候，他曾經在法國餐廳裡打工，那時候自己就說「要當廚師」，可是卻和我一樣，在決定要不要參加一般企業的就職活動這個時機，說出「我還是決定要成為麵包師傅」。我並沒有要他「繼承我的店」，兒子也沒有說出「要繼承家業」這句話，他只是說：「我要做麵包」。

我拜託肯收兒子做為學徒的師父，請他「不要手下留情，盡量操練」。我想兒子應該會倍感壓力吧。畢竟他是以「曾經參加過世界盃麵包大賽的麵包師傅的兒子」這個身分開始修業的，所以我想他應該會感受到與我截然不同的辛苦。

兒子如果決定繼承家業而回來的話，我想他一定會很辛苦，因為我們兩個的意見會出現分歧。雖然他是在我非常尊敬的麵包師傅底下學習，但是他學的，卻是與Train Bleu完全不同的作法，而且我們店的方式也一定與那家店不同。因此，我已經有覺悟了，未來我們之間一定會出現衝突的。遇到這種情況時，氣勢絕對不可以輸他！兒子回鄉的那時候，我的年紀應該會超過父親當時的年紀吧。

「既然面對兒子需要氣勢，那我更要好好活下去才行。」

如果看不慣兒子的作法，而不斷插嘴干涉的話，這樣會比較有用嗎？或者是遇到這種情況時，保持距離是不是會比較好呢？乾脆做一個自己專用的石窯，為自己烤麵包算了，就這樣心裡頭思考了很多很多。

總之，我想我應該會藉由做麵包這件事，試著摸索出和兒子的相處與生活模式。

與兒子、女兒及母親（攝影者：妻子裕子）

與妻子及員工

想要傳達「理所當然」的重要性

參加世界盃麵包大賽那一刻，「Train Bleu的知名度就跟著提升，而且還經常上電視與雜誌。自那個時候起就有人開始邀請我，「希望能夠到演講會中與大家聊一聊」。只要時間允許，我通常都會接受的。

以前我曾經收到經營顧問公司的邀請，在全日本經營和菓子店的人面前演講。那些人不是來自「這裡的點心我曾經吃過」、「說到○○縣的特產，非這家點心莫屬」之類的老店，不然就是招牌響亮的名店。站在這些人面前擔任「特別講師」讓我如臨大敵，緊張不已，因此我決定乾脆與大家分享自己平常就非常重視的事情。

那就是注重「自然而然做出那些理所當然的事」的原則。我認為這原則不僅僅適用於製造業，無論是從事什麼行業的人，都適用這句話。

「順其自然做出理所當然的事」，就是「爽快乾脆地做出大家都會的事」。

例如，好好地打招呼、道謝致意；就算技術不夠熟練，還是要顧慮到每個人是否心情愉悅地在工作；就是因為有這樣的關心，整個團隊才能夠同心協力，完成一項高品質的工作。

理所當然的重要性，亦可用教導的立場來提醒。有時員工並不是想要偷工減料或者是偷懶，而是為了「提升生產力」，所以有時候會迫不及待地進行下一個步驟。這時候就要考慮是否要指點他們「再放五分鐘的話會更好吃，所以再等一下吧」。我想有不少主管會習慣性地催促員工「快一點」，但是「等待」的重要性其實是不容小覷的。

即使是「非常簡單的事」，也不能省略不做，或者是敷衍了事。話雖如此，但也不需要想得太過嚴重，只要把這些當作是理所當然的事來做，其實就能夠做出更有品質的工作了。

那些參加演講會的老字號和菓子店，每一家歷史都比Train Bleu更悠久，底下員工也都非常資深，他們把「應做的事視為理所當然」這個標準，說不定反而更高。不過，我發現自己這一點仍然做得不夠好，總深怕會出現那些大型組織常見的粗心態度。

向下一代傳遞「領受生命」的食育觀念

數年前，我有幸在地方教育相關人士面前演講。而且是在七十位全中小學校長與教育長面前演講整整一個半小時。這真的是會緊張，因為聽演講的人個個都是教育專家。而我在他們面前，挪了一半的時間，談了飲食教育的重要性與飲食的安全性。

近年來，我覺得我們似乎已經失去了「領受生命」的感覺。現在的孩子，說不定鮮少有機會知道陳列在超市裡的肉或魚是從哪來、怎麼來的了？即便是麵包材料中的麵粉，也要先將植物中的小麥種子磨成粉狀才行。所以當我們在吃的時候，**一定要對這個生命的根源說聲「謝謝，我收下了」**。

「請大家在學校一定要告訴學生，人類是領受生命才得以生存的！」

我向掌管教育現場的這些校長提出了請求。

不僅如此，最近報章媒體還大幅報導異物混入食品中的新聞。的確，遇到製造商疏於安全管理，或者是安全意識過於低落等非常明顯的過失時，嚴厲追究是理所當然的事。但是在領受自然成長之物的生命時，有時也會不小心混入沙子或蟲隻的，放入口中的那股沙沙的口感，不正代表了我們正在承接生命嗎？

從前和祖父母同住的孩子比較多，常有機會看到奶奶親自下廚烹煮各式各樣的料理。像是買一整條魚回來自己剖、乾貨浸水泡軟、萃取高湯、自己做乾貨或醃醬菜……在食物上不僅花了不少時間與心思，而且還運用了不少智慧呢！

最近提到茶，聽說很多孩子都會聯想到用寶特瓶裝起來，放在便利商店販賣的那些瓶裝茶。就連飯糰也是只有在便利商店買過，卻從未自己親手捏過……讓人深感人們對於吃的認識已經漸漸地在改變。

「成瀨麵包」主要製作學校營養午餐的麵包，而Train Bleu則是製作在家享用的麵包，但不管是哪一種，我都相當有自信讓它們肩負傳遞重視食物的訊息。

前來聽講的校長當中也有我的同學。回答問題時間，他舉了手，原本以為他有什麼話想說，沒想到他竟然說「你變好多喔」。就本質來講，我覺得我並沒有什麼改變，但是如果他的意思是「整個人成長蛻變」的話，我會非常高興的。

在地方社區演講時，沒想到竟然會遇到孩提時期認識的朋友。不僅如此，還得到在全國各地演講的機會，這真的是榮幸不已。我非常感謝那些肯給予我評價的人。而在接受大家評論的過程當中，如果能夠順便將訊息傳遞給下一給世代的孩子的話，那我就心滿意足了。

今後也會一直在高山烤麵包

曾經有人問我，要不要在都市的百貨店開店呢？

如果你問我是不是未曾想過朝東京之類的大都市發展，答案並不是完全沒有。我曾經想過「如果都市裡也能夠找到我們店的話那會怎麼樣呢？」也非常好奇那些老饕對於Train Bleu的麵包風味會如何評價。但是，我卻從未想過要離開高山這個地方。

巴黎雖然聚集了不少名店，但是如果拉長腳程到法國的鄉下，不僅可以找到烤出美麗麵包的店、擁有星級的餐廳，還有陳列豔麗蛋糕的糕餅店……。而且這些位在鄉下的名店還擁有從各地召喚人潮的力量呢。這些店不僅綻放出不亞於都市人氣店的光芒，而且還是當地人的驕傲。而Train Bleu的目標，就是成為這樣的麵包店。

「何謂做麵包？」

「何謂麵包師傅？」

「何謂 Train Bleu ？」

我再三地問自己這個問題。雖然當了麵包師傅超過三十年，這一路走來，我卻還是找不到製作麵包的正確答案，雖然想要藉由本書，說出「這就是製作麵包的精髓」，然而在我心裡，卻仍然沒有一個明確的答案。

正因為看不見正確答案，所以做麵包才會讓我覺得是一件非常有趣的事。這個答案，或許永遠得不到，也因為如此，我才會認為做麵包是一件值得賭上人生的工作。

面對現在的自己，我只能說**「談到麵包，我真的不懂。就是因為不懂，才能夠秉持著好奇心持續下去」**。即使覺得自己已經盡力了，但是我絕對不會輕易滿足於「今天做的麵包」。尋求正確答案的這個過程，苦中帶樂，而且還讓人非常好奇這段看不見終點的未來究竟會出現什麼？因為不知道正確答案是什麼，所以先做再說。

另外，Train Bleu的麵包是以團隊的形式來製作的。也就是說，麵包是在人際關係之中完成的。風味進化了，也深化了。如果是好團隊，製作的麵包就會更加燦爛耀眼。成員改變的話，綻放的光芒也會跟著有所不同。

勿止步不前，這點非常重要。與員工一同磨練技術，從更多人身上受到刺激的同時，究竟會烤出什麼樣的麵包呢？接下來的日子，我都一直希望能夠享受這段追求「心目中理想麵包」的過程。

Train Bleu開幕的一九八九年九月十五日，排在隊伍最前面的那三位小女孩的模樣，今日依舊讓人難以忘懷。大門一打開，就見他們滿臉笑容地衝進店內，用閃閃發亮的眼神盯著麵包看……她們現在應該也三十好幾了吧。這不禁讓人想起開幕的那一天，腦子裡所想的事：「這家店一定要撐到這些孩子們長大的時候」。

今天早上還沒開店，門外又是大排長龍。真的很感激客人如此支持我們。但是望著門外這條隊伍，我不禁問起我自己「Train Bleu的麵包真的好吃嗎？」

沒有人敢保證出現排隊人潮就代表好吃。雖然客人是滿懷期望地在排隊，但是，今天的麵包如果沒有烤好的話，明天恐怕就不會出現排隊的人潮了。每天只要看到有人在排隊，我的心裡頭都會這麼想。

意指藍色列車的「Train Bleu」這個店名，包含了「製作麵包這條路永無止盡，只能沿著這條漫長道路一直向前進」這個用意。儘管遭受了父親的死與照顧母親等考驗，我依舊能夠把目標放在「世界盃麵包大賽」上，喘吁吁地爬上這條坡道。尊敬的麵包師傅前輩、可靠的員工以及家人不知在我背後推了多少把，讓Train Bleu一直都能夠以各種能量為糧食，不斷地向前邁進。

Train Bleu這一路走來，至今依舊在路上，眼前看不見終點站。不過，我想接下來還是會繼續走下去的。現在的我，正不斷地回顧身為麵包師傅的這段人生，同時也希望能夠以「在地方上燦爛耀眼的麵包店」為目標，繼續努力。

結語

寫這本書的時候，讓我有機會得以回顧自己的人生。成為麵包師傅之後，我覺得自己「真的是透過麵包在生存的」，感覺就像是伸出雙手拿起眼前的麵包，用麵包這個濾鏡來看這個世界。

烘烤麵包以當作生活糧食、依靠因為麵包這個緣分而結識的前輩，受到他們協助、與同為麵包師傅的夥伴及店裡的員工一起切磋琢磨以祈求成長。訓斥員工的時候，我會拿做麵包這件事來比喻；自己在煩惱的時候，也是把問題比擬成酵母豐富多樣的變化來找尋解決的線索。就這樣日復一日。

或許我的觀點非常狹隘，十分偏頗。

但是又何妨？

在這個位在深山的小城裡，每天孜孜不倦地與眼前的麵包、麵糰真誠相對，這樣的感受應該是剛好而已吧？

如今再次回頭看看店名的由來，「緩緩行駛的寢台列車」似乎比較適合我們的「Train Bleu」，而不是重視速度、駛在時代前端的列車。從今以後，我希望我們會是一家與那些和像我孩子一般的員工一起煩惱、歡笑、成長，只要有客人來，「心情就會變得非常幸福的麵包店」。

我們會以製作更可口的麵包為目標，日日不斷努力。

乍聽之下，或許你會覺得理所當然，但是這也是最重要的。

這些微不足道、順理成章的事只要一直累積，總有一天會帶領我們抵達目的地的。

成瀨正

TRAIN BLEU SHOP DATA

地址：岐阜縣高山市西之一色町1丁目73-5

TEL：0577-33-3989

營業時間：9點30分～18點30分（售完為止）

公休日：週三（及不定休）

官方網站：http://www.trainbleu.com/

從 Train Bleu 獨立的員工 SHOP DATA

店名	主廚師傅	地址／TEL／官方網站・Facebook
BOULANGERIE E.S.	島田英治	神奈川縣逗子市逗子7-6-31 046-872-2206 http://www.panportal.jp/boulangeriees/
L'ESSENTIEL	毎川亮	福井縣福井市木田3丁目3107 MAISON de OBJET 1樓 0776-89-1816 https://www.facebook.com/ LESSENTIEL-1604487136492054/
Pique - niquer	杉本大祐	愛知縣一宮市住吉1-23-1 0586-52-5797 https://www.facebook.com/piqueniquer/
Kaseru	小川宣孝	靜岡縣濱松市中區富塚町1088 052-473-7606 http://kaseru.hamazo.tv/
Chez Sagara	相良一公	福岡縣久留米市田主丸町益生田873-12 0943-73-3680 http://www.chez-sagara.com/
PAIN BOUTIQUE PIEDS NUS	紙原紀子	岐阜縣中津川市千旦林六地藏371-1 0573-68-8168 http://piedsnus2006.jp/
Boulangerie NAKAMURA	中村雅貴	長野縣鹽尻市大門七番町8-3 0263-52-3145 http://www.shiojiri.or.jp/member/ data/0263523145/1.html
Bakery 福泉堂	渡邊公晴	新潟縣長岡市東坂之上町2丁目5-8 福泉堂大樓1樓 0258-35-0088

國家圖書館出版品預行編目（CIP）資料

全世界都來排隊的鄉下麵包店：星級麵包職人的工作祕方 /
成瀨正著；何姵儀譯．-- 初版．-- 臺北市：沐風文化，2018.12
面；　公分．-- (Specialist ; MS004)
譯自：世界も驚くおいしいパン屋の仕事論

ISBN 978-986-95952-5-4(平裝)

1. 糕餅業 2. 創業

481.3　　107016489

Specialist 004

全世界都來排隊的鄉下麵包店
星級麵包職人的工作祕方
世界も驚くおいしいパン屋の仕事論

作　　者：成瀨正
譯　　者：何姵儀
編　　輯：陳聖怡
封面設計：無私設計 洪偉傑
內文排版：無私設計 洪偉傑

發 行 人：顧忠華
總 經 理：張靖峰
出　　版：沐風文化出版有限公司
地址：100 台北市中正區泉州街 9 號 3 樓
電話：(02) 2301-6364
傳真：(02) 2301-9641
讀者信箱：mufonebooks@gmail.com
沐風文化粉絲頁：https://www.facebook.com/mufonebooks

總 經 銷：紅螞蟻圖書有限公司
地址：114 台北市內湖區舊宗路 2 段 121 巷 19 號
電話：(02) 2795-3656
傳真：(02) 2795-4100
服務信箱：red0511@ms51.hinet.net

印　　製：龍虎電腦排版股份有限公司
出版日期：2018 年 12 月 初版一刷；2020 年 7 月初版二刷
定　　價：320 元
書　　號：MS004
I S B N：978-986-95952-5-4（平裝）

SEKAIMOODOROKU OISHII PAN-YA NO SHIGOTO-RON

First published in Japan in 2016 by PHP Institute, Inc.
Traditional Chinese translation rights arranged with PHP Institute, Inc.
Through AMANN CO., LTD.